有交联结构的聚碳酸酯类树脂的合成及其吸附性能研究

周 瑞◎著

中国石化出版社

内 容 提 要

具有交联结构的聚碳酸酯类树脂是聚碳酸酯的一大分支，具有优良的耐热、耐寒性和结构稳定性、耐冲击性、材料透明性等优点。近年来，具有交联结构的聚碳酸酯被广泛应用于含有有机物污水的吸附中，并取得良好的吸附效果。本书每一章都分别从聚酯的合成和应用两个方面进行阐述。合成部分从单体以及不同类型交联结构聚碳酸酯的合成方法、聚酯的结构和性能表征等方面说明交联结构聚碳酸酯的合成路线和结构特点，应用部分论述聚酯对化学工业中常见的有机溶剂和有机物的吸附性能和吸附效果。

本书可为从事聚碳酸酯树脂的合成以及聚酯吸附有机物研究的人员提供参考。

图书在版编目(CIP)数据

有交联结构的聚碳酸酯类树脂的合成及其吸附性能研究／周瑞著. —北京：中国石化出版社，2023.6

ISBN 978-7-5114-7078-2

Ⅰ.①有… Ⅱ.①周… Ⅲ.①聚碳酸酯-合成树脂-吸附-研究 Ⅳ.①TQ322

中国国家版本馆 CIP 数据核字(2023)第 082378 号

中国石化出版社出版发行

地址：北京市东城区安定门外大街 58 号
邮编：100011　电话：(010)57512500
发行部电话：(010)57512575
http://www.sinopec-press.com
E-mail：press@sinopec.com
北京富泰印刷有限责任公司印刷
全国各地新华书店经销

*

710×1000 毫米 16 开本 11.5 印张 214 千字
2023 年 6 月第 1 版　2023 年 6 月第 1 次印刷
定价：69.00 元

前言

FOREWORD

目前，有机溶剂污染对人类健康和生态环境造成越来越严重的威胁。具有交联网络结构的吸油树脂能在有机溶剂中发生自溶胀现象，从而吸附有机溶剂。该吸油树脂具有吸附效率和选择性高，可重复多次使用，以及理化性质稳定、操作简便和所吸附的溶剂容易回收等优点，其在该领域的发展潜力巨大。开发性能优良的新型吸油树脂一直是该行业有待突破的目标之一。

本书讲述如何利用三臂结构的多元醇和多元酯，结合柔性的长链聚碳酸酯，构筑并成功合成了具有三维网络结构的新型凝胶类聚碳酸酯。具体包括：通过核磁共振、红外光谱、粉末衍射、元素分析、比表面积测定和电镜等分析方法对聚酯的结构进行表征；利用热重分析测定凝胶的热稳定性能；摸索原料比、反应温度等条件对凝胶聚酯生成和溶胀度的影响。研究凝胶聚酯对有机溶剂的溶胀度、吸附动力学、应用稳定性、重复使用性等性能；并将所合成的聚碳酸酯应用于低浓度有机污染物 BPA 的吸附；文中结合氢键吸附理论和 FR 热力学理论，提出凝胶类聚酯吸附有机溶剂可能的机理。本书的研究为聚碳酸酯的合成和应用提供了新的思路和方向。

本书获“西安石油大学优秀学术著作出版基金”资助。本书在编写过程中，得到西北大学化工学院吕兴强教授的悉心指导和大力支持，同时得到西安石油大学化学化工学院领导和多位教师的帮助和鼓励。西北大学化学化工学院硕士刘江和贾立对本书的完成做了大量的辅助工作，在此致以衷心的感谢。

目录
CONTENTS

1 绪论

1.1 有机污染及危害

工业生产日渐繁荣，方便了人类生活，提高了人们的生活质量。然而，在人们享受工业进步所带来的便利的同时，工业产品及其原料的生产加工、存放、运输、使用等过程中所排放的有机污染物，对生态环境已经构成了极大的威胁。

1.1.1 有机污染的现状

有机物污染源的种类繁多，可分为天然存在的有机物污染和来自人工合成的有机物污染，其中来源于人工合成有机物的污染占绝大多数。目前，全球已成功合成出的化学物质约有一千万种，每年有十分之一投放市场，应用于医药、农业、染料、工业产品合成等各个领域，合成和使用过程中所产生的工业废水的污染成分以有机污染物和有机溶剂为主，有氰化物、苯类、硝基苯类、多环芳烃类、含氮含磷有机物等；在化工能源领域也存在严重的有机物污染。比如油品加工过程中产生的不同碳链长度的烃油类、苯类、酚类、多环芳烃类等。海上油品泄漏是有机污染的来源之一。当前，我国水源的有机物污染尤为严重，常见的污染物多达 7 万余种。不难看出，水溶性的有机污染物以及有机溶剂(油)种类繁多、流动性大、扩散快、涉及范围广，回收处理困难、治理难度大，是有机污染中的重灾区。本书将主要针对水溶性的有机污染物以及液态有机物（油）的处理进行讨论。

1.1.2 有机污染的危害

有机污染物长期存在于自然环境中，会逐渐渗透到土壤和水体中，进入到生态循环系统，在动植物的体内蓄积，进入地下水体造成水体污染，最终通过食物链侵入人类的生命循环系统，对人类身体健康造成直接的伤害。婴儿在母体内受到污染影响严重的可导致出生体重过低、发育不良，甚至出现骨骼发育迟缓和代谢功能紊乱等问题。长期处在污染环境中，饮用食用被污染的水源和食物，可对神经系统、内分泌系统甚至生殖系统造成损伤，并破坏人体免疫系统，可能增加癌症的发病率等等。

有机污染物难以降解，存在时间长、回收处理困难、治理难度大、危害严重等问题，直接影响人类的健康、生产和生活，给动物养殖业、种植业、旅游业等带来巨大的经济损失。污染问题不仅对人类当前的生活存在威胁，更会对人类的未来产生深远的影响，是和谐生态环境的严重威胁。所以，对有机污染物的处理，特别是处理被有机物污染的水体和有机溶剂，已经成为业内关注的焦点课题，对人类可持续发展意义重大。

1.1.3 有机污染的治理技术

目前，针对有机污染物的治理方法有三类：化学法、生物降解法和物理法。化学法是指利用化学反应使得污染物分解为无毒害物质的方法。比如直接燃烧法、光化学氧化法、电化学氧化法、离子交换法、中和法、化学沉淀法等。化学法处理污染物的反应条件苛刻，常常会伴有二次污染的问题，而且使用的化学药剂昂贵，治理费用偏高，使其发展受到限制。生物降解法是指通过微生物的作用对污染物进行分解，使有毒的污染物分解为无毒害的物质。生物降解法操作简单、费用低，不容易造成环境的二次污染，但是处理周期长、占地面积大、对操作条件具有较高的要求。物理法是指不改变物质结构对污染物进行处理和分离的方法，比如填埋、沉淀、萃取、离心分离、吸附等。对于有机油类和水溶性有机物的处理，采用固体吸附的方法优势明显。利用固体吸附剂对有机污染物进行分离的方法，具有吸附速率快、易脱附、吸附剂可再生、成本低、无二次污染、操作简便、条件温和等优点，一直以来备受业内研究者的关注。

1.2　有机污染物的吸附材料

处理有机污染物和有机溶剂的吸附材料，可分为无机吸附材料、无机-有机杂化吸附材料以及有机聚合物吸附材料。不同的吸附材料结构不同，吸附污染物或溶剂的类别和效果也不同。

1.2.1　无机吸附材料

无机吸附材料常见的有二氧化硅、活性炭、黏土、膨润土等天然矿物质，或经过物理、化学改性的矿物质。这类吸附剂利用材料表面的孔隙、毛细管等结构，直接吸附污染物，将其保留在孔隙结构中。吸附性能与材料的粒径、孔隙率和比表面积与吸附性能关系密切。粒径越小，孔隙率越高，比表面积越高，单位面积的活性吸附点位越多，吸附材料的吸附性能就越好。一般用于工业废油、油品泄漏以及含有有机染料的废水处理中。该类吸附剂吸附速度快，但是吸油量少，对所吸附物质的保持性能差，吸附选择性低，体积大，回收利用性较差。此类吸附材料经过物理或化学改性后，吸附性能有了一定的改善。Zhihui Huang 在 2017 年发表的文献中报道了经溴化十六烷基三甲铵改性的钠质膨润土吸附有机染料的技术（溴化十六烷基三甲铵用量与钠质膨润土阳离子交换含量相等），改性后的膨润土用于吸附浓度为 300mg/L 的罗丹明 B（pH=9）和酸性红（pH=8），吸附温度为 30℃，吸附时间为 1h 时，最大吸附量分别为 173.5mg/g 和 157.4mg/g，示意图如图 1.1 所示。覃岳隆使用乙酸对膨润土进行改性后，0.4g 膨润土对 1000L 浓度为 300mg/L 的孔雀石绿的吸附效率达 97%。所以，无机吸附材料今后的发展，必将集中在如何提高吸附性能的问题上，可利用矿物质表面阳离子不稳定的特性，对矿物质类进行改性形成有机矿物质吸附剂。

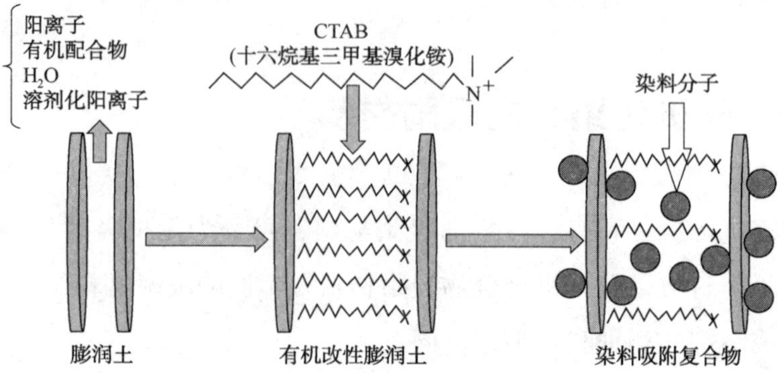

图 1.1 Zhihui Huang 改性的膨润土吸附染料示意图

1.2.2 无机-有机杂化吸附材料

无机-有机杂化吸附材料是无机离子与有机物通过配位键或(及)氢键相结合而得到的一类复合材料。其中，金属-有机框架聚合物(MOFs)因具有高度有序的晶体结构和孔结构、密度低、比表面积大等特点，除在气体吸附领域有卓越表现外，也在有机物污染的处理领域具有潜在的应用价值。

Bin Ding 等人利用有机配体 abtz[1-(4-氨基苄基)-1,2,4-三唑]与硝酸银配位自组装(摩尔比为 1∶1，反应温度为 160℃，反应时间为 12h，室温冷却 72h)，合成了一种多孔的金属-有机骨架管状纳米材料 MONT-1，结构如图 1.2 所示。室温下，MONT-1 对水溶液中的甲基紫(中性染料)和甲基蓝、罗丹明(阳离子染料)无吸附性，但对阴离子染料刚果红、甲基橙、柠檬黄具有吸附性，其中，对刚果红的吸附性能最佳，吸附容量可达 823.3mg/g，吸附效果对比见图 1.3。MOFs 结构材料作为吸附剂吸附溶液中有机物，其吸附性与孔结构、吸附剂与吸附质之间的相互作用、开放的金属点位、溶液的 pH 值等参数相关。

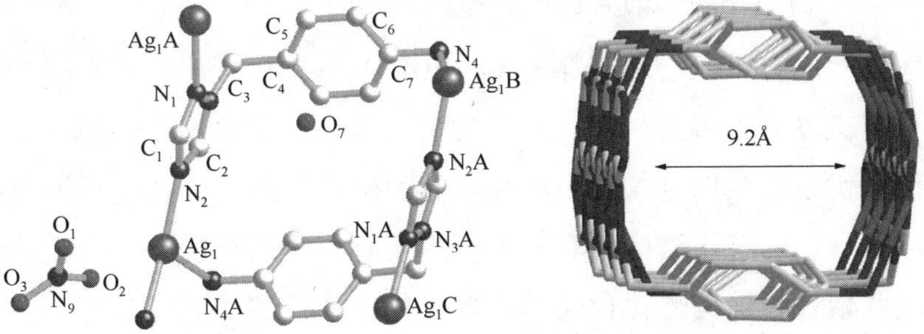

图 1.2　MONT-1 的分子结构单元示意图

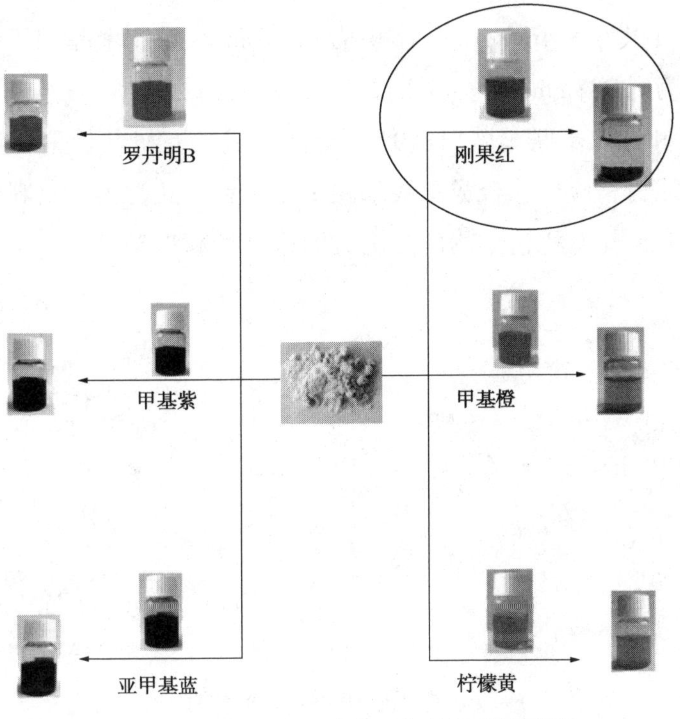

图 1.3　MONT-1 对阴离子染料的选择吸附

1.2.3　有机聚合物吸附材料

有机聚合物吸附材料，是指聚合单体通过共价键结合而形成的一种高分子有机聚合材料，并对某种或某类物质具有一定的吸附性。按照材料的结构特点可分为有序结构的有机聚合物材料和无序结构的有机聚合物材料。

1.2.3.1 含有序结构的有机聚合物吸附材料

有序结构的有机聚合物吸附材料（COFs），是单体通过共价键结合而形成的一种有机高分子多孔材料，具有孔洞规整、分布均匀、热稳定性好、骨架密度低等优点，可用于气体吸附和存储、生物医药、催化、污染物吸附等多个领域。目前，有序结构的有机聚合物吸附材料从结构上分为微孔、共轭微孔、交联聚合物结构等，合成单体多样化，孔径和功能可控可调，是吸附材料领域的新星。Ruh Ullah 以 1,4-二氧六环为溶剂，BTCAC 和对苯二酚为单体（摩尔比为 1∶1.6），在 12～25℃条件下成功合成的有机多孔结构的聚酯，其比表面积为 $5.4m^2/g$，孔体积为 $0.110m^3/g$，该聚酯用于 CO_2 气体吸附，吸附量为 0.283mmol/g。Bidhan C. Patra 利用 2,4,6-三羟基-1,3,5-苯三甲醛（Tp）和二氨基联苯胺（DAB）为单体合成的有机共价聚合物（TpDAB）可以作为储能材料应用，合成路线如图 1.4 所示。此类吸附材料除了在气体吸附中应用外，在有机污染物的分离方向也开始崭露头角。

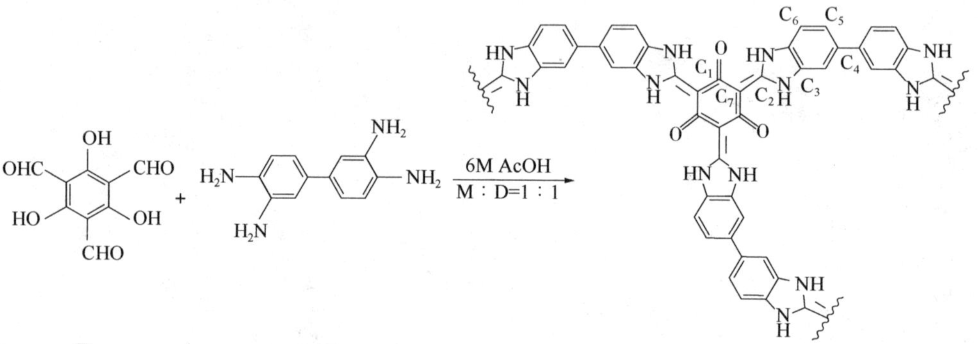

图 1.4　TpDAB 的合成示意图

Xiang Zhu 在 2017 年发表的文章中，利用 1,3,5-tris-(4-aminophenyl) triazine（TAPT）和均苯四甲酸二酐（PMDA）为单体进行聚合（TAPT∶PMDA = 1∶1.5，反应温度为 120℃，反应时间为 72h），得到了具有有序结构的多孔聚合物，结构见图 1.5。该聚合物对有机染料罗丹明、刚果红和亚甲基蓝具有良好的吸附性，其中，吸附亚甲基蓝的效果最佳。在 25℃条件下，吸附 100mg/L 的亚甲基蓝水溶液 24h 后，吸附容量达到 1691mg/g。

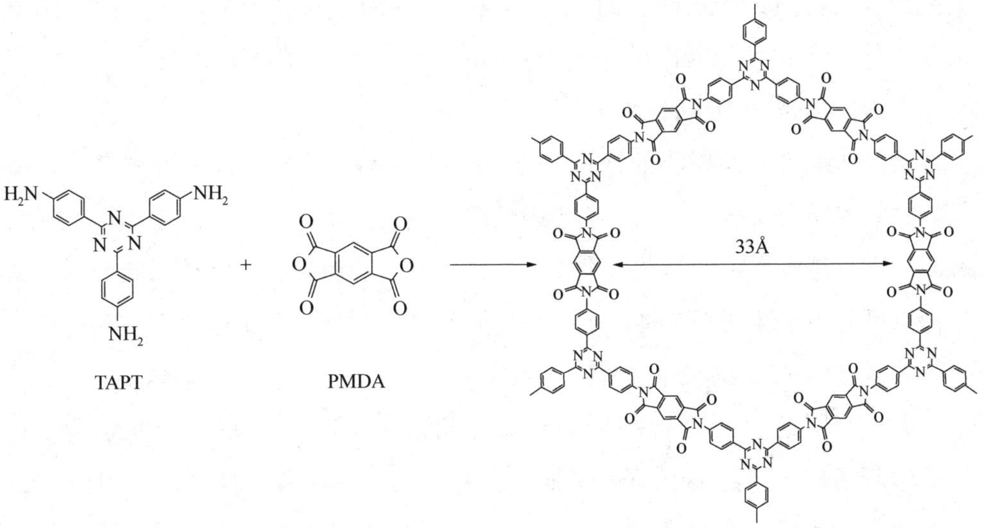

图 1.5　Xiang Zhu 合成的 COFs 型吸附剂的结构图

1.2.3.2　含无序结构的有机聚合物吸附材料

无序结构的有机聚合物吸附材料的分子结构中无重复单元，属于无晶态大分子聚合物，可分为两类：一类是高度交联的刚性有机聚合物，多用于气体的吸附；另一类是低交联度的高分子有机聚合物，吸油树脂是该类吸附材料中的典型代表。吸油树脂对有机溶剂有优良的吸附作用，在有机污染物分离领域应用广泛。

吸油树脂研究现状如下：

吸油树脂是由亲油单体之间或者单体与低聚物，在一定的反应条件下发生交联而形成的低交联度的高分子量类聚合物，具有复杂的网状结构，根据单体的不同，所得树脂可分为具有孔结构的吸油树脂和无孔凝胶结构吸油树脂。多数吸油树脂不溶于常规的无机和有机溶剂，所以，结构的表征相对困难，对于该类聚酯，傅里叶变换红外光谱和扫描电镜是表征其结构和形貌最常用的测试方法。

吸油树脂的结构中含有亲油基团，可在有机溶剂中会发生数倍至数十倍于自身体积的自溶胀现象，从而对有机溶剂或者有机污染物产生吸附作用。吸油树脂具有吸油种类多、吸附效率高、溶剂保持率好、选择性较高、可重复使用、所吸附污染物回收简单等优点。近年来开发的新型高效吸油树脂结构多样化，大致可分为以下几个类别：

① 聚碳酸酯类吸油树脂

聚碳酸酯类吸油树脂的结构中含有—C(O)O—结构，合成方法多采用醇与酯之间的酯交换法。目前，基于丙烯酸酯及其衍生物所合成的聚丙烯酸酯类吸油树脂，是报道较多的有机聚碳酸酯树脂类吸油树脂，按吸油树脂交联结构的特点可分为柔性交联结构聚碳酸酯树脂和含有刚性交联结构聚碳酸酯树脂。

a. 柔性交联结构吸油树脂

柔性交联结构聚碳酸酯的结点间以脂肪族碳链相连，形成交联结构。在生成树脂结构中主链的同时，侧链或主链中仍需保留有活性基团，可以与另一单体进一步反应，或者发生分子间和分子内部的反应，达到交联的目的。目前，聚丙烯酸酯类树脂一般以甲基丙烯酸酯和多元醇为单体进行聚合，在引发剂的作用下，甲基丙烯酸酯分子间的双键聚合形成主链，酯基则和多元醇的羟基缩聚，醇分子中的碳链将长链的聚丙烯酸酯分子连接在一起，并将缩聚物分子间隔成网格结构。该类反应单体选择多样，多元醇还可以用多元酯来替代，利用与丙烯酸甲酯中酯基进行酯交换反应，实现构建交联结构的意图。合成柔性交联结构聚碳酸酯树脂的单体柔性大，可发生扭转，交联密度相对较高，链的伸缩性小，吸附性能偏低。如果选择碳链较长的单体，聚合产物一般为高分子量的聚碳酸酯树脂，不能形成交联结构。以甲基丙烯酸甲酯和二元醇为单体，对交联结构型聚酯的结构进行说明，示意图如图 1.6 所示。

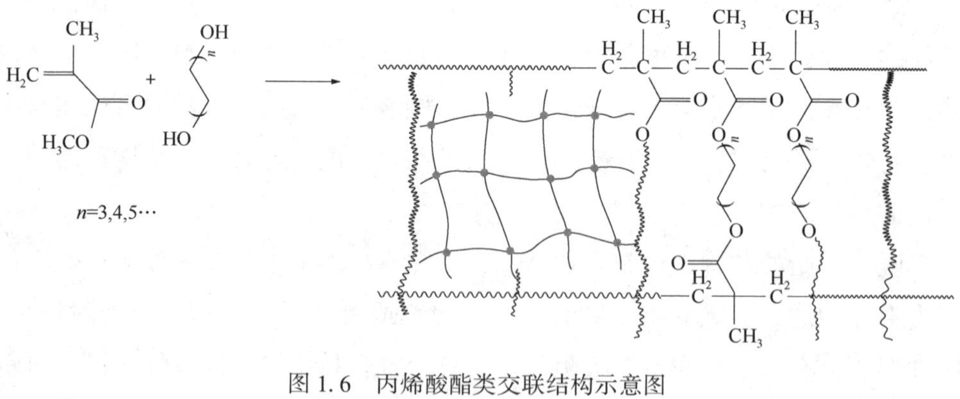

图 1.6　丙烯酸酯类交联结构示意图

2011 年，Leo Albert G. Sala 以 Novozym-435 作催化剂，利用甲基丙烯酸甲酯(50mmol)为交联剂，与丙三醇(0.5mmol)在 70℃下反应 4h，合成了交联结构的树脂，该树脂溶于氯仿，在丙酮中发生溶胀，溶胀度为 289%。Yang Jie 以甲基丙烯酸甲酯和丙烯酸丁酯为共聚单体(摩尔比 1∶1.88)，制备的多孔吸油树脂，对苯、四氢呋喃、四氯化碳具有良好的吸附性能，吸油倍率分别为 15.5g/g、15.5g/g 和 31.7g/g。2016 年，Jingjie Hai 选用甲基丙烯酸酯与丙烯酸叔丁酯为单体先进行烯烃聚合，再与从植物中提取的多羟基黄酮进行交联，得到高效的吸油树脂，合成路线如图 1.7 所示。Jingjie Hai 合成的树脂对润滑油、菜籽油、柴油、汽油等具有吸附作用，吸附倍率分别为 21.7g/g、18.0g/g、16.5g/g 和 15.0g/g，文献中测试了粗纤维对这几种油脂的吸油倍率，分别为 7.7g/g、5.6g/g、4.3g/g、3.5g/g，与之相比，所合成树脂的吸油效率大大提高。

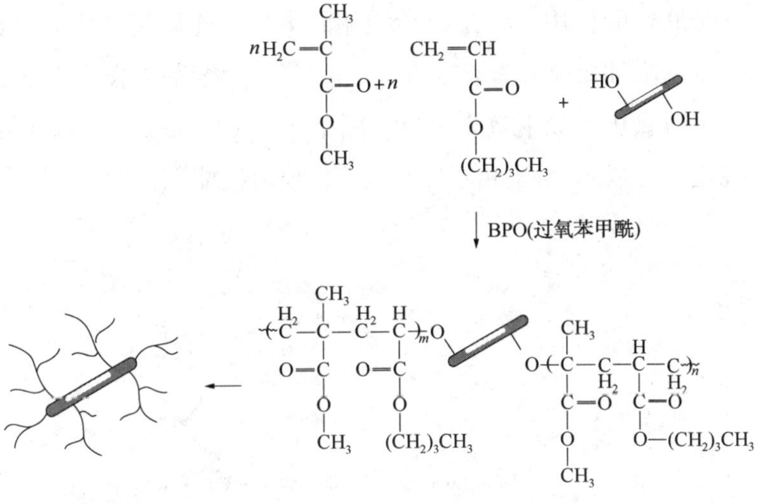

图 1.7 甲基丙烯酸酯三元交联结构示意图

b. 刚性交联结构吸油树脂

刚性交联结构吸油树脂的结构中含有环状烃类或苯环等单元结构。与柔性交联结构吸油树脂相比，由于刚性单元的引入，树脂的稳定性增强，吸油后的树脂韧性增加，有利于溶剂的回收，是吸油树脂研究领域备受关注的焦点之一。近年来，聚酯类吸油树脂中，利用刚性交联剂合成具有交联结构树脂的报道越来越多，主要合成方法是利用丙烯酸酯与苯乙烯、二乙烯基苯等含有刚性苯环结构的物质为聚合单体进行聚合，通过引入刚性苯环结构，从而改善柔性交联结构聚酯的稳定性，从而解决吸油后结构松散、不成型等问题。交联结构图见图 1.8。

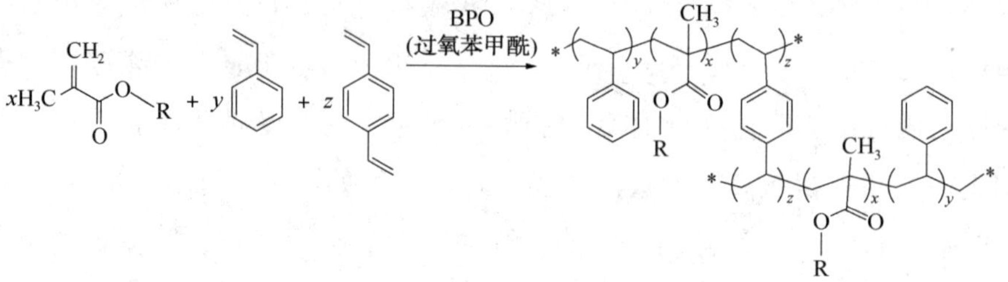

图 1.8 丙烯酸酯与苯乙烯类共聚交联示意图

Yajing Duan 2015 年发表的文章中以甲基丙烯酸十八烷基酯(SMA)、丙烯酸丁酯(BA)和二乙烯基苯(DVB)三元共聚[BA/SMA = 2 : 8(mol/mol)]，二乙烯基起交联剂的作用，将聚丙烯酸酯的柔性链连接起来，形成交联结构聚合物。合成的吸油树脂在氯仿、苯、汽油柴油等溶剂中发生溶胀，从而吸附此类溶剂，对氯仿的吸附效果最好，吸油率为 61.9g/g。树脂可反复使用，吸附性能稳定。合成示意图如图 1.9 所示。吸附性能图见图 1.10。

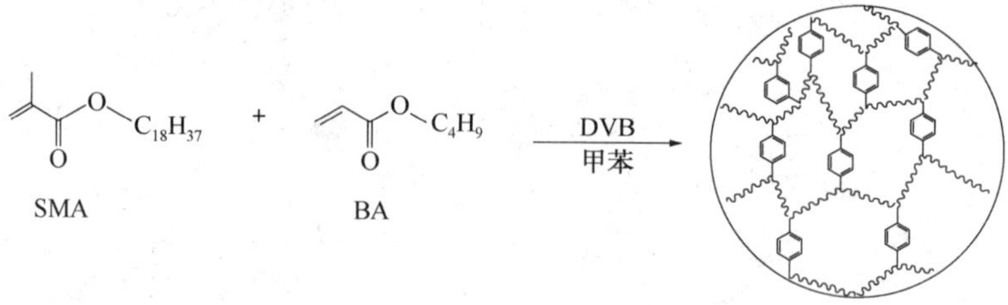

图 1.9 甲基丙烯酸酯与二乙烯基苯共聚交联示意图

Yang Du 等人以甲基丙烯酸正丁酯(BMA)、苯乙烯(St)、二乙烯基苯(0.8%)为单体三元共聚(St : BMA = 3 : 1)，在聚合过程中加入致孔剂乙酸丁酯，按照上述构建方法合成的吸油凝胶树脂对四氯化碳的吸附量为 28.2g/g，吸油效果较柔性结构的丙烯酸类聚酯有了较大的提升，而且对原油具有 8.7g/g 的吸附容量。合成路线图见图 1.11。除去致孔剂后的聚酯为多孔交联结构，这一点在凝胶树脂的制备中值得借鉴。

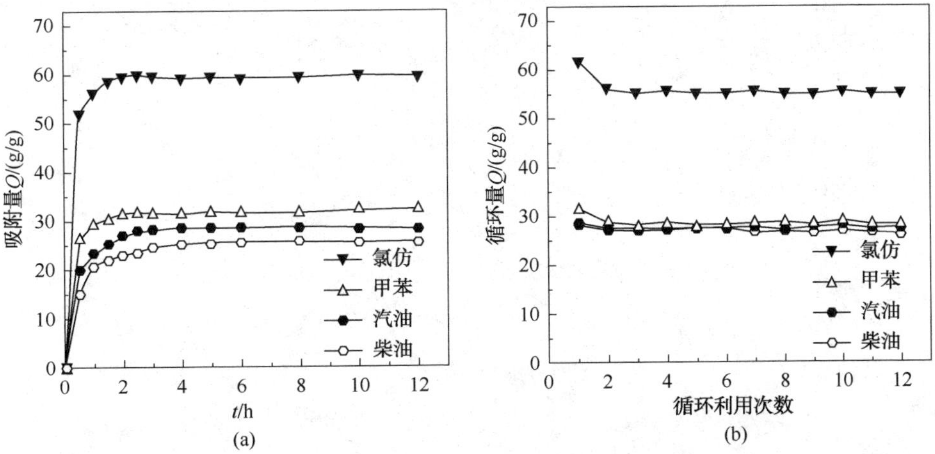

图 1.10　Yajing Duan 文献中树脂的吸油动力学和重复使用性曲线

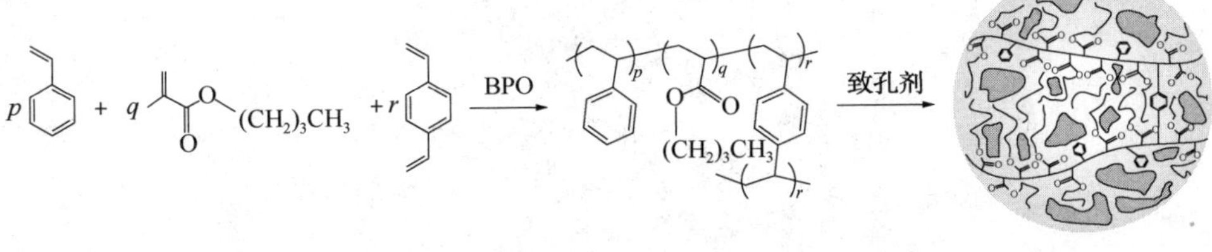

图 1.11　丙烯酸正丁酯与苯乙烯共聚交联示意图

② 聚硅氧烷类吸油树脂

聚硅氧烷类吸油树脂是以多元硅氧烷为交联剂，与不同的单体聚合，形成的具有交联结构的聚酯，是吸油树脂的一大类别，在有机溶剂的吸附中有良好的表现。硅氧烷类吸油树脂的合成单体多选用含有多元醇或多羟基化合物，与烷氧基缩聚，得到以硅原子为中心的高分子交联结构树脂。

Aydin G. O. 以不同的三乙氧基硅烷为交联剂，与 1,4-环己二醇聚合，得到透明的凝胶类硅树脂。硅氧烷的结构如图 1.12 所示，n 代表硅氧烷中与硅原子相连的烷基碳原子的个数。

以正己烷基三乙氧基硅烷为例的合成路线示意图如图 1.13 所示。Aydin G. O. 合成的含硅树脂在苯、甲苯、四氢呋喃、二氯甲烷中发生溶胀，从而吸附该类溶剂，树脂在二氯甲烷中的溶胀度最高达到 1060%。

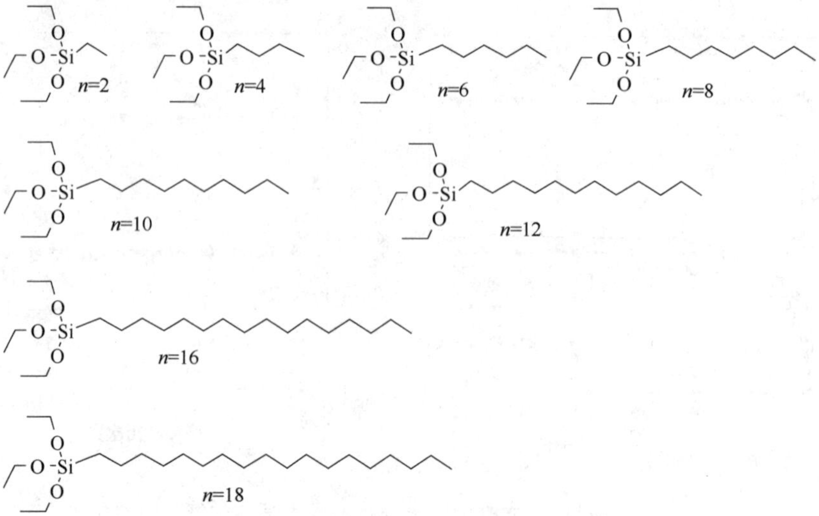

图 1.12　Aydin G. O. 文献中不同烷基的三乙基硅氧烷结构式

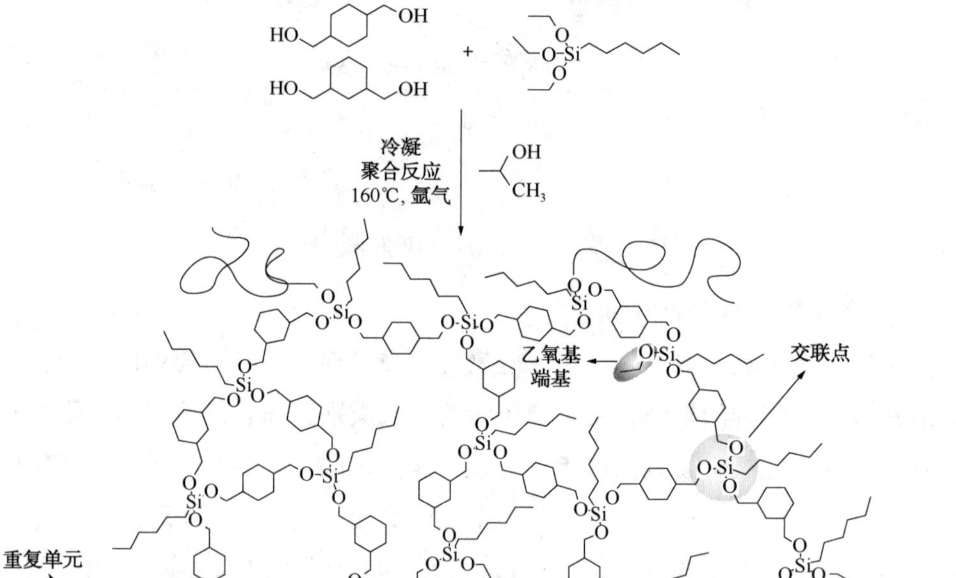

图 1.13　Aydin G. O. 文献中聚硅氧烷有机交联结构树脂的结构

研究发现，烷基链长短不同，最终所得树脂的吸油能力也不同，按照碳原子个数和溶胀度由大到小的顺序进行排列，可得：$C_{10}>C_8>C_6>C_4\approx C_{16}>C_2>C_{18}$。这说明硅氧烷烷基链的长度对树脂的吸附性能影响较大，在 $n\leqslant10$ 的范围内，烷基链越长，树脂的疏水性越强，吸油性能越好。烷基链过长，吸油能力下降，是由于过长的碳链在聚酯中弯曲缠绕，阻碍了溶剂向树脂内部扩散，导致其吸油能力下降。

Ilker Yati 等人合成了一种均三臂交联结构聚硅氧烷类树脂，以异氰尿酸[3-(三甲氧基硅氧烷基)丙基]ICS 和不同分子量的聚四氢呋喃为单体，采用无溶剂法在 160℃ 条件下合成的树脂 PTHF-ICS 具有交联结构，见图 1.14。该凝胶在二氯甲烷、四氢呋喃、甲苯、汽油等有机溶剂中发生溶胀现象，在二氯甲烷中的溶胀度最高。随着单体分子量的增加，所得聚合物的溶胀度增加。分子量为 200 的聚四氢呋喃在二氯甲烷中的溶胀度为 213%，当分子量增大至 2900 时，溶胀度增加到 1800%，见图 1.15。

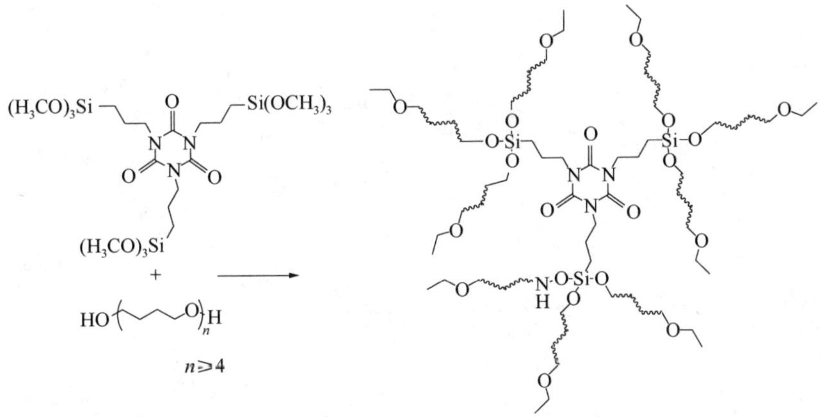

图 1.14　聚四氢呋喃-ICS 凝胶合成路线

③ 橡胶类吸油树脂

橡胶具有较好的伸缩性和耐磨性，拉伸强度高，抗撕裂性良好，橡胶经过处理后作为交联剂合成的树脂，具有良好的有机溶剂吸附性能，已经得到业界的充分报道。此类橡胶一般指丁苯橡胶或乙丙橡胶。2003 年，Gaoqi Zhang 发表的文章中报道了二乙烯基苯作为交联剂和三元乙丙橡胶进行交联反应后得到的凝胶类吸附剂，对甲苯-二甲苯混合溶剂体系具有良好的吸附性能，吸附效率可达 27g/g，吸附动力学曲线如图 1.16、图 1.17 所示。文中对吸附动力学曲线进行模拟后发现，该吸附过程的动力学符合二阶动力学吸附方程。

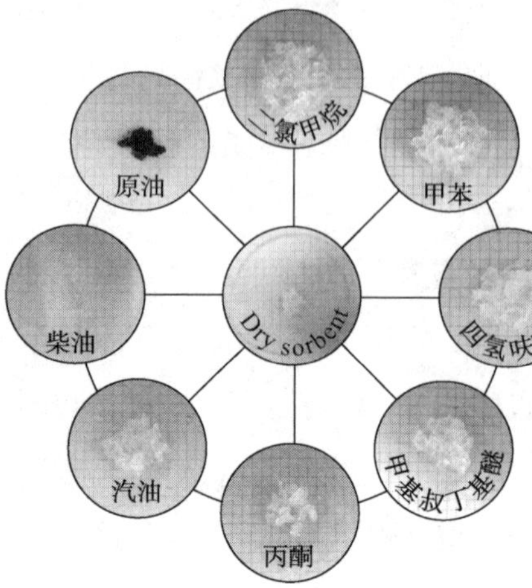

图 1.15　PTHF-2900-ICS 在不同溶剂中的溶胀形态

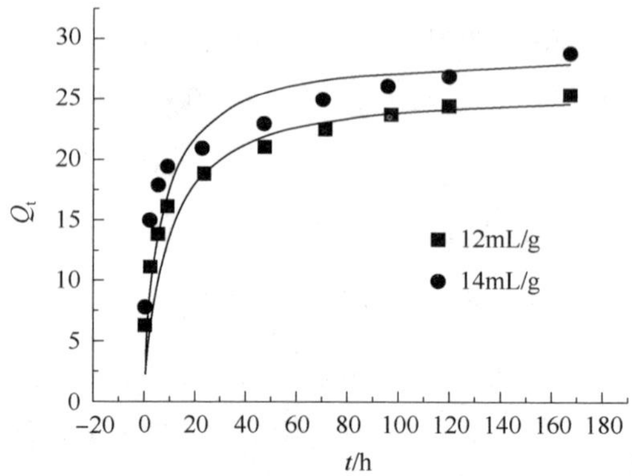

图 1.16　橡胶类凝胶对甲苯-二甲苯的吸附动力学曲线

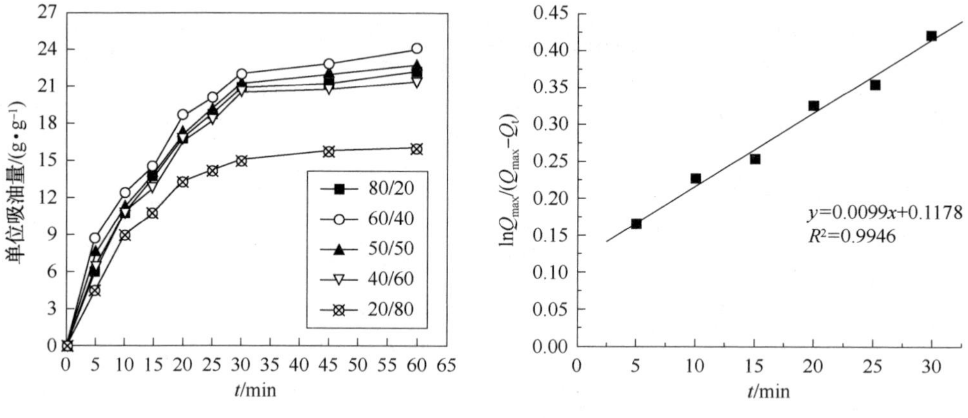

图 1.17　B. Wu 文献中吸附树脂的动力学曲线

2009 年，B. Wu 等人在发表的文献中报道了一种橡胶类吸附树脂的合成方法，利用二乙烯基苯作为交联剂，回收橡胶 WTR 和 4-叔丁基苯乙烯 tBS 作为单体进行聚合反应，合成了一种新型的吸附树脂。该树脂对于溶解在甲苯中的原油具有良好的吸附性能，在 1h 内可达到的最大吸附量为 24.0g/g。研究发现，合成单体的比例对吸附剂的性能有显著的影响，WTR 与 tBS 的最佳比例为 60∶40，比例过小或者过大，都会使聚酯交联结构改变，降低对油的吸附效率。该吸附剂的动力学模型符合一阶吸附方程 $dQ/dt = K(Q_{max}-Q_t)$。

④ 纤维素类吸油树脂

纤维素是一种在自然界中大量存在的有机原料，具有价格低廉、可生物降解、可再生等优点。纤维素结构中含有羟基，可以与酯类等多种化合物聚合得到高分子聚合物。近年来，利用纤维素的物理化学性质对其进行改性，以期获得新型功能性材料的研究吸引了一大批科研工作者的关注，比如利用接枝共聚和自由基共聚反应改进纤维素的吸附性能在最近的文献中常有报道。H. Maimaiti 于 2015 年发表的文章中，以 DMAP 作引发剂、CuCl 作催化剂，利用甲基丙烯酸丁酯和纤维素反应，得到交联结构的聚合物，改性后的纤维可作为吸油剂吸附车用机油，最佳吸附容量为 52.9g/g。该研究表明催化剂、引发剂、原料的比例不同，所得到吸附剂的吸油性能会有数倍的差别。从 SEM 测试照片可以看出，具有柔性长链的纤维素经甲基丙烯酸丁酯改性后，形成了具有交联结构的聚酯，从而提高材料对有机溶剂和有机污染物的吸附性能，SEM 如图 1.18 所示。Patrícia Allue Dantas 利用均苯四甲酸二酐为交联剂对醋酸丙酸纤维素进行改性，得到的聚酯是具有孔结构的交联树脂，结构式见图 1.19，从聚酯的结构可以看出，纤维素结构中的羟基为交联反应提供活性点位。

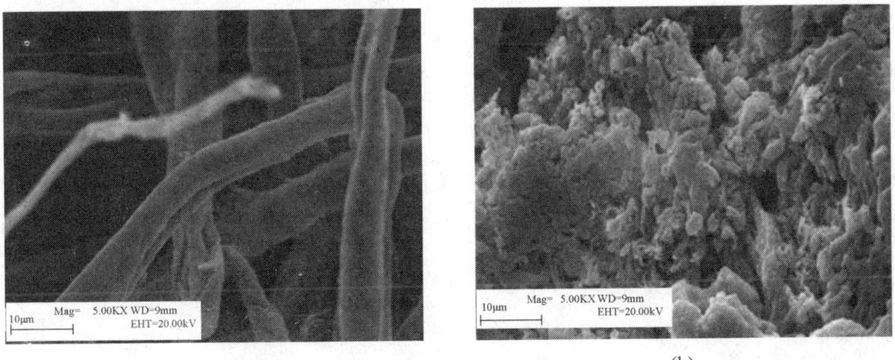

(a) (b)

图 1.18 纤维素改性前后的 SEM 图对比

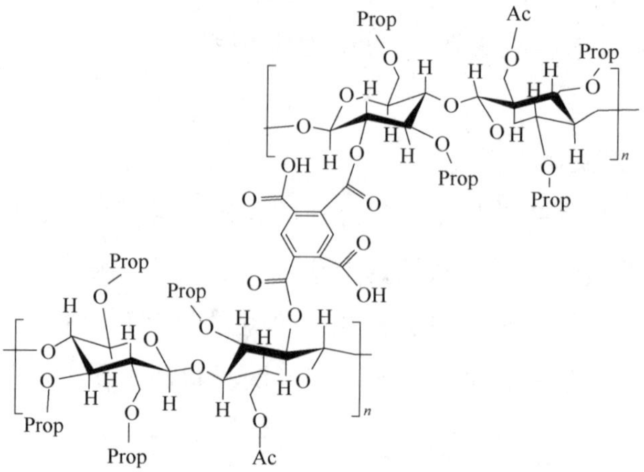

图 1.19　均苯四甲酸二酐改性纤维素结构

1.2.3.3　吸油树脂的吸油机理

利用化学交联反应合成的吸油树脂，结构呈现交联的空间结构，具有疏水亲油特性，可在有多种机溶剂中发生溶胀，从而吸附该类有机溶剂。由于吸油树脂的交联结构复杂，交联结构对溶胀的影响以及溶胀机理仍未有定论。目前，有关凝胶类吸附剂的吸附机理研究中，普遍被人们接受的当属经典的热力学 FR 理论和氢键吸附理论。

（1）氢键吸附理论

自然界中氢键无处不在，相对于范德华力，氢键的分子间力作用较大，并且具有高的选择性，在分离领域的应用越来越受到科研工作者的关注。氢键吸附理论认为，凝胶树脂吸附有机溶剂是树脂分子与溶剂之间可能形成氢键所致。1999 年，林种玉等人发表的利用聚酰胺/硅胶吸附剂提取茶叶中茶多酚的文章中，吸附剂对茶多酚的吸附效率高于 90%，纯度达到 80%～90%，文中都提出了氢键吸附的可能性。2014 年 Yufang Liu 课题组深入报道了氢键在活性炭吸附有毒的乙醇硫中的作用，吸附剂与吸附质之间氢键作用的示意图如图 1.20 所示。从往年的文献报道可以看出，目前较为认可的吸附机理主要是物理吸附和氢键吸附共同作用的结果。

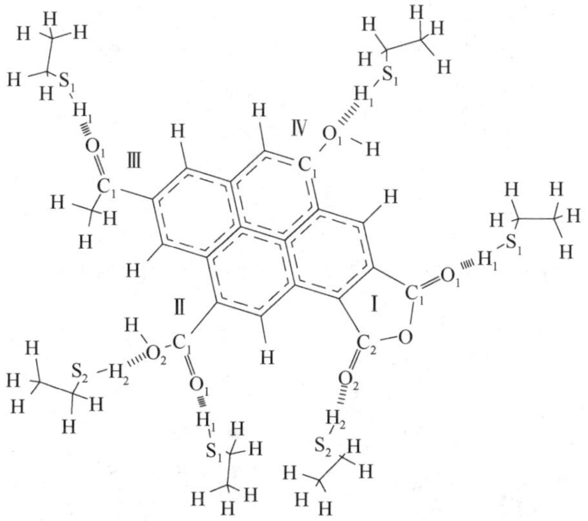

图 1.20　Yufang Liu 氢键吸附乙醇硫示意图

Kristy L. Mardis 等人 2000 年在 J. Phys. Chem B 发表了关于聚丙烯酸酯类树脂吸附芳香醇的文章，文中以 2-苯乙基醇（PE）、3-苯丙醇（PP）、2-苯氧基乙醇（POE）以及 3-苯氧基-1-丙醇（POP）为被吸附物质的模型，对树脂吸附过程进行了探索，说明在物理吸附过程中伴随有氢键形成。Jiazheng Li 团队在 2004 年发表的文章中对树脂氢键吸附的可能性进行了验证，实验利用羧酸树脂作为吸附剂，在不同的溶剂环境中吸附苯胺类有机物，通过计算吸附平衡时的热焓发现，吸附焓值超越了以范德华力结合时的热焓值，但是与氢键的键能相吻合，也就是说氢键的形成在吸附过程中扮演了重要的角色。研究还发现当苯胺中与氨基直接相连的氢原子个数减少时，吸附剂对其吸附效率相应降低，当苯胺中氢原子完全被甲基取代后，树脂对苯胺类物质仍然存在一定的吸附性。由此推断得出了羧酸树脂对苯胺类有机物的两种可能的氢键吸附模型，如图 1.21 所示。研究发现，不同溶剂中氢键的形成难易程度不同，吸附性能也有较大的区别，图 1.22 为该文献中不同溶剂的等温吸附曲线。

（2）FR 溶胀吸附理论

Flory 和 Rehner 针对因具有溶胀特性而产生的吸附，从热力学角度进行

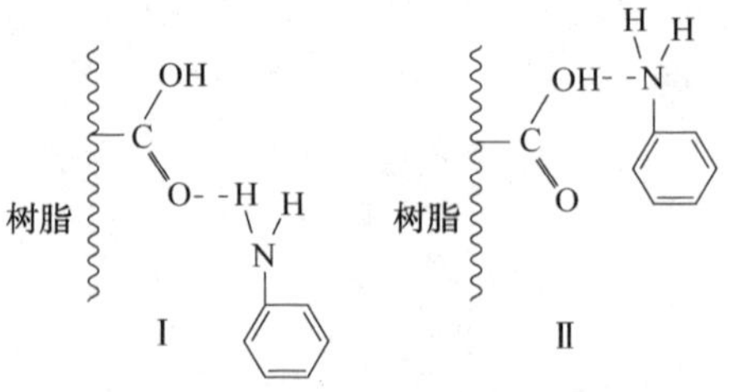

图 1.21　羧酸树脂与苯胺之间氢键的结合方式

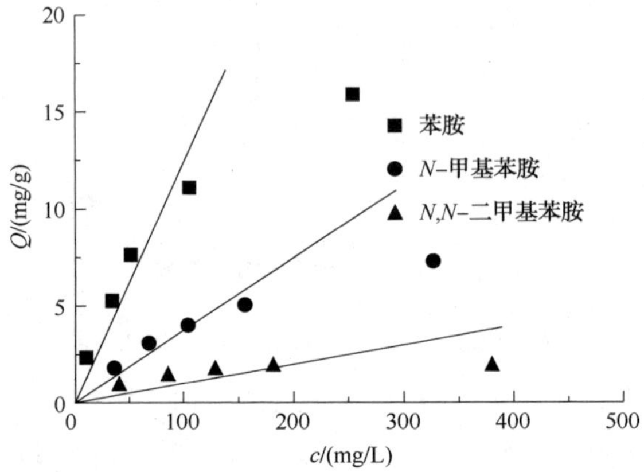

图 1.22　羧酸数值对三种苯胺的等温吸附曲线

了模拟计算，提出的 FR 理论引领该领域发展。由于该理论在数学计算和概念上较为简洁，容易理解，近几年来有关溶胀的理论或计算模型几乎都是以该理论为基础的，Manuel Quesada-Pérez 的文章对 FR 理论在不同种类凝胶中的应用进行了详细的阐述。FR 理论认为，凝胶吸附溶剂达到平衡，也达到其热力学平衡，此时凝胶内外部的化学势相等，内外部的渗透压相等。

1.2.3.4　树脂结构对吸油效率的影响

吸油树脂的交联结构由交联反应产生。交联是利用化学或者物理的方法，使化合物分子之间互相结合，形成交联结构的过程，增强化合物的弹性，从而赋予其新的特性。物理交联是指交联点位之间以范德华力相结合形成交联结构，化学交联是指交联点位之间以共价键的形式结合，在分子间生成新的链段，交错形成交联结构。吸油树脂以化学交联的方法合成，分子间或分子内部发生交联，形成结构的机理复杂，仍处于研究阶段。针对特定的反应，多以单体之间的简单反应为研究对象，推测交联机理。

交联密度是吸油树脂结构的一个重要指标，与交联剂的用量有很大关系。交联剂用量大，交联点位之间的链段较短，交联密度大，导致凝胶的硬度增加，弹性降低，形成较小的网络空间，链的伸缩性能降低，溶胀性能下降。交联剂用量过小，交联点位少，凝胶柔性增强，交联密度小，硬度降低，溶胀性能同样下降，当交联剂用量过小时，无法形成凝胶形态聚合物。所以在合成凝胶型树脂的过程中，控制交联剂的用量非常关键，使交联密度在合适的范围内，聚酯的吸附性能才能达到最佳。

树脂结构中的官能团与所吸附有机溶剂之间的作用力，也是影响吸油效率的因素之一。按照氢键吸附理论，溶剂与树脂间发生氢键吸附的点位越多，吸油效率越高。所以，在构筑树脂结构时，针对所吸附有机物的种类选择聚合单体，使合成的树脂在结构上保留可与吸附质产生氢键的基团，提高树脂的吸油性能。

另外，吸油树脂对有机溶剂的吸附效率与溶剂的溶度参数相关。吸油树脂可选择性地吸附某类有机溶剂，溶剂的溶度参数与树脂的溶度参数越接近，树脂对该溶剂的吸附效率越高，吸油树脂可以吸附溶度参数在一定范围的溶剂，溶度参数偏离该范围越远，吸油树脂对其吸附效率迅速下降。吸油树脂的溶度参数与所吸附溶剂的溶度参数相等时，溶胀度最大。吸油树脂的溶度参数可采取实验方法进行估算，选取多种溶剂进行溶胀吸附实验，吸油树脂在某种有机溶剂中的吸附效率最高，该溶剂的溶度参数近似为该吸油树脂的溶度参数。

1.3 交联结构聚碳酸酯树脂的设计

在交联结构吸油树脂的合成中，常选择含有活性羟基的化合物作为单体之一，羟基可与多种物质反应，拓宽了与之聚合的另一聚合单体的选择范围，可构筑多种结构和功能的树脂。

聚碳酸酯属于树脂中非常重要的一大类别，已广泛应用于电子工业、生物医药、光学材料和食品包装等领域。聚碳酸酯树脂的合成方法中，酯交换法因为具有无毒、污染小的优点受到推崇。酯交换法利用二元醇和二元碳酸酯之间的酯交换反应，脱除小分子醇，得到高分子量的聚碳酸酯。结合前文交联结构吸油树脂的构筑方法，使用三臂刚性醇或酯为聚合单体，线性长链的醇或酯为链增长单体，聚合得到交联结构聚碳酸酯树脂；或者以刚性多元酯和刚性多元醇为聚合单体，共聚得到交联多孔聚酯的技术路线是可行的。如果及时移除生成的小分子醇将有利于反应正向进行。以刚性三臂结构多元醇为例的合成路线如图 1.23 所示。

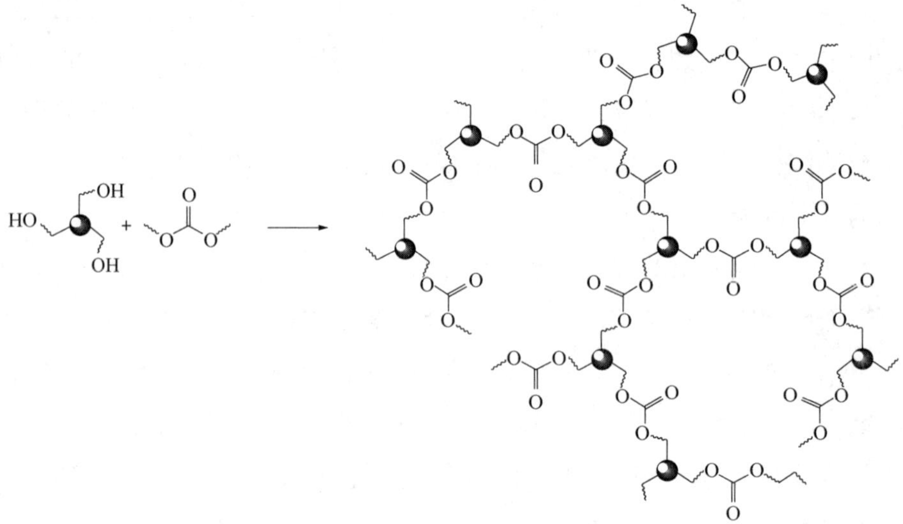

图 1.23　凝胶型聚碳酸酯的合成示意图

1.4　本书主要内容

有机污染物对生态环境的污染越来越严重，已经威胁到人类生产生活，所以合成新型的效果良好的吸附剂，是一项具有实际意义和前景的研究课题。根据文献调研可知，吸油树脂是一种有效的具有交联结构的吸附剂，可用于有机溶剂和有机污染物的处理，具有操作方法简便、选择性高、吸附量大和可循环利用等优点。近年来，经过该领域科研工作者的不懈努力，在高吸油树脂交联结构的构筑上取得了较大的进展。其中刚性三臂交联结构合成工艺简单，单体选择范围较宽，所得树脂的吸附性能优良。所以本书采用该技术路线，构筑具有三臂交联结构的新型凝胶类吸油树脂。

聚碳酸酯作为树脂的重要成员之一，已被广泛应用于各行各业，然而在吸油树脂的研究中并未发现具有溶胀性能的凝胶类聚碳酸酯树脂的报道。通过上述的分析可知，合成凝胶型聚碳酸酯类树脂在理论和技术上可行，并且具有良好的发展前景。本书将就凝胶型聚碳酸酯类树脂的合成进行研究，并将合成的聚碳酸酯类树脂用于有机溶剂的吸附。

根据以上情况，本书研究内容主要如下：

（1）柔性长链前驱体的合成

利用脂肪族二元醇和二元碳酸酯在碱性催化剂的作用下进行缩聚反应，通过控制聚合中间产物的端基比例，得到线性脂肪族聚碳酸酯，对聚酯结构和性质进行表征。所合成的线性聚碳酸酯将作为前驱体，为构筑交联结构树脂提供功能性的柔性伸缩单元。

（2）交联结构聚碳酸酯类树脂的合成

① 选择含有苯环的多元酯 1,3,5-苯三甲醇三甲酯（BTB）为刚性单体，采用熔融法，在高温和高真空度条件下，与不同分子量线性脂肪族聚碳酸酯进行缩聚，得到具有交联结构的新型聚碳酸酯树脂；对聚碳酸酯类树脂的基本结构和性质进行表征；考察柔性链的长度和前驱体分子量的大小对聚碳酸酯类树脂结构和吸油性能的影响。

② 选择含有苯环的多元醇 1,3,5-苯三甲醇（BTM）为刚性单体，采用熔融法，在高温和高真空度条件下，与所合成的线性脂肪族聚碳酸酯进行缩聚，得到具有交联结构的新型聚碳酸酯类树脂；对聚碳酸酯类树脂的基本结构和性质进行表征；考察前驱体结构对聚碳酸酯类树脂吸油性能的影响。

③ 以 3-氨丙基三乙氧基硅烷 APTES 为交联中心，与线性脂肪族聚碳酸酯进行缩聚，合成具有交联结构的硅基高分子聚碳酸酯类树脂；对聚碳酸酯类树脂的基本结构和性质进行表征；考察前驱体结构对吸油性能的影响。

④ 摸索刚性交联结构聚碳酸酯的合成，尝试用苯三甲酰氯和 BTM 等多

元醇合成具有刚性交联结构的多孔聚碳酸酯；对聚碳酸酯的孔结构进行表征；探索前驱体结构对聚酯吸油性能的影响。

（3）溶胀吸附行为研究

① 聚碳酸酯类树脂对有机溶剂的溶胀吸附性能。通过研究聚碳酸酯类树脂的溶胀动力学、解吸动力学、溶剂保持率、重复使用性能、温度对溶胀行为的影响、稳定性等因素，探讨聚碳酸酯类树脂在不同有机溶剂中的溶胀行为，分析聚酯的溶胀吸油机理。

② 聚碳酸酯类树脂对低浓度双酚 A 的吸附性能。将聚碳酸酯类树脂用于低浓度双酚 A 水溶液的吸收，利用紫外吸收光谱确定吸收前后溶液中双酚 A 的残留，探讨聚碳酸酯类树脂结构对双酚 A 吸附性能的影响。

参 考 文 献

[1] Chowdhury S., Balasubramanian R.. Recent Advances in the Use of Graphene-family Nanoadsorbents for Removal of Toxic Pollutants from Wastewater[J]. Advances in Colloid and Interface Science, 2014, 204: 35-56.

[2] 杨明山，郭正虹. 高分子材料改性[M]. 北京：化学工业出版社，2013.

[3] Benjwal P., Sharma R., Kar K. K.. Effects of Surface Microstructure and Chemical State of Featherfiber-derived Multidoped Carbon Fibers on the Adsorption of Organic Water Pollutants [J]. Materials and Design, 2016, 110: 762-774.

[4] Pintor A. M. A., Vilar V. J. P., Botelho C. M. S., et al. Oil and Grease Removal from Wastewaters: Sorption Treatment as an Alternative to State-of-the-art Technologies. A critical review[J]. Chemical Engineering Journal, 2016, 297: 229-255.

[5] Wang H., Chen X., Bai Y., et al. Application of Dissolved Air Flotation on Separation of Waste Plastics ABS and PS[J]. Waste Management, 2012, 32: 1297-1305.

[6] Jamaly S., Giwa A., Hasan S. W.. Recent Improvements in Oily Wastewater Treatment: Progress, Challenges and Future Opportunities[J]. Journal of Environmental Science, 2015, 37: 15-30.

[7] Dimpe K. M., Nyaba L., Magoda C., et al. Synthesis, Modification, Characterization and Application of AC@ Fe_2O_3 @ MnO_2 Composite for Ultrasound Assisted Dispersive Solid Phase Microextraction of Refractory Metals in Environmental Samples [J]. Chemical Engineering

Journal, 2017, 308: 169-176.

[8] Moresco M. M., Margardio V. P., Oliveira C.. A Persistent Organic Pollutant Related Unusual High Frequency Neotropical Anuran Physalaemus Cuvieri Fitzinger[J]. Environmental Research, 2014, 132: 6-11.

[9] Rong J., Qiu F., Zhang T., et al. A facile strategy toward 3D Hydrophobic Composite Resin Network Decorated with Biological Ellipsoidal Structure Rapeseed Flower Carbon for Enhanced Oils and Organic Solvents Selective Absorption[J]. Chemical Engineering Journal, 2017, 322: 397-407.

[10] Sikarwar S., Jain R.. Adsorption Kinetics Studies of an Anti-inflammatory Drug Mesalamine Using Unsaturated Polyester Resin (UPR) [J]. Journal of Molecular Liquids, 2016, 224: 219-226.

[11] Kurian M., Kunjachan C., Sreevalsan A.. Catalytic Degradation of Chlorinated Organic Pollutants Over $Ce_xFe_{1-x}O_2$(x: 0, 0.25, 0.5, 0.75, 1) Nanocomposites at Mild Conditions[J]. Chemical Engineering Journal, 2017, 308: 67-77.

[12] Li Y., Bi H. Y., Jin Y. S.. Facile Preparation of Rhamnolipid-layered Double Hydroxide Nanocomposite for Simultaneous Adsorption of P-cresol and Copper Ions from Water[J]. Chemical Engineering Journal, 2017, 308: 78-88.

[13] Yu L., Han M., He F.. A Review of Treating Oily Wastewater[J]. Arabian Journal of Chemistry, 2017, 10: S1913-S1922.

[14] Hai J., Bai B., Ding C., et al. Removal of Oil From Water Surface by Novel Composite NSM-g-P(MMA-co-BA) Super Oil-Absorption Resin[J]. Polymer Composites, 2016: 1-13.

[15] Jamaly S., Giwa A., Hasan S. W.. Recent Improvements in Oily Wastewater Treatment: Progress, Challenges, and Future Opportunities[J]. Journal of Enviromental Sciences, 2015, 37: 15-30.

[16] Abadi S. R. H., Sebzari, M. R., Hemati, M., et al. Ceramic Membrane Performance in Microfiltration of Oily Wastewater[J]. Desalination, 2011, 265: 222-228.

[17] Jaafarzadeh N., Ghanbari F., Ahmadi M., et al. Efficient Integrated Processes for Pulp and Paper Wastewater Treatment and Phytotoxicity Reduction: Permanganate, Electro-Fenton and Co_3O_4/UV/peroxymonosulfate[J]. Chemical Engineering Journal, 2017, 308: 142-150.

[18] Atas M. S., Dursun S., Akyildiz H., et al. Selective Removal of Cationic Micro-pollutants

Using Disulfide-linked Network Structures[J]. RSC Advances, 2017, 7: 25969-25977.

[19] Liu G., Li L., Xu D., et al. Metal-organic Framework Preparation Using Magnetic Graphene Oxide-β-cyclodextrin for Neonicotinoid Pesticide Adsorption and Removal[J]. Carbohydrate Polymers, 2017, 175: 584-591.

[20] Wang X., Li Q., Wang Y., et al. Synthesis and Absorption Organics of Biomorphic Hollow Fibers Al_2O_3 and Acrylic Ester-Based Crosslinked Resin Composite[J]. Polymer Composites, 2016: 1-6.

[21] Nidheesh P. V., Gandhimathi R., Ramesh S. T.. Degradation of Dyes from Aqueous Solution by Fenton Processes: a Review[J]. Environmental Science and Pollution Research, 2013, 20: 2099-2132.

[22] Dong T., Cao S., Xu G.. Highly Efficient and Recyclable Depth Filtrating System Using Structured Kapok Filters for Oil Removal and Recovery from Wastewater[J]. Journal of Hazardous Materials, 2017, 321: 859-867.

[23] Gupta S., Pathak B., Fulekar M. H.. Molecular Approaches for Biodegradation of Polycyclic Aromatic Hydrocarbon Compounds: a Review[J]. Reviews in Environmental Science and Biotechnology, 2015, 14: 241-269.

[24] Nayak V., Balakrishna R. G., Padaki M., et al. Zwitterionic Ultrafiltration Membranes for As(V) Rejection[J]. Chemical Engineering Journal, 2017, 308: 347-358.

[25] Ren Y., Zhang W., Zhu Y., et al. Nitrogen-rich Porous Polyaminal Network as a Platform for Iodine Adsorption through Physical and Chemical Interaction [J]. Journal of Applied Polymer Science, 2018, 46106: 1-6.

[26] Pankeo B., Zhang X., Gu P., et al. Research Progress of Radioactive Iodine Treatment by Adsorption Method from Water[J]. Technology of Water Treatment, 2017, V43(9): 6-12.

[27] Wang X., Li Q., Wang Y., et al. Synthesis and Absorption Organics of Biomorphic Hollow Fibers Al_2O_3 and Acrylic Ester-Based Crosslinked Resin Composite[J]. Polymer Composite, 2016.

[28] He B., Zheng T., Wang F., et al. Adsorption Performance of Cellulose/diatomite Composite Aerogel[J]. Chinese Journal of Environmental Engineering, 2016, V10(6): 3005-3011.

[29] Khosravi M., Azizian S.. Preparation of Superhydrophobic and Superoleophilic Nanostructured Layer on Steel Mesh for Oil-water Separation[J]. Separation and Purification Technology, 2017, 172: 366-373.

[30] Su F. H., Tabañag I. D. F., Wu C. Y., et al. Decorating Outer Membrane Vesicles with

Organophosphorus Hydrolase and Cellulose Binding Domain for Organophosphate Pesticide Degradation[J]. Chemical Engineering Journal, 2017, 308: 1-7.

[31] Chen X. L., Liang Y. N., Tang X. Z., et al. Additive-free Poly(vinylidene fluoride) Aerogel for Oil/water Separation and Rapid Oil Absorption[J]. Chemical Engineering Journal, 2017, 308: 18-26.

[32] Feng J., Ding H., Yang G., et al. Preparation of Black-pearl Reduced Graphene Oxide-sodium Alginate Hydrogel Microspheres for Adsorbing Organic Pollutants [J]. Journal of Colloid and Interface Science, 2017, 508: 387-395.

[33] Benjwal P., Sharma R., Kar K. K.. Effects of Surface Microstructure and Chemical State of Featherfiber-derived Multidoped Carbon Fibers on the Adsorption of Organic Water Pollutants [J]. Materials and Design, 2016, 110: 762-774.

[34] Cojocaru C., Pricop L., Samoila P., et al. Surface Hydrophobization of Polyester Fibers with Poly(methylhydrodimethyl)siloxane Copolymers: Experimental Gesign for Testing of Modified Nonwoven Materials as Oil Spill Sorbents[J]. Polymer Testing, 2017, 59: 377-389.

[35] Zhou S., Hao G., Zhou X., et al. One-pot Synthesis of Robust Superhydrophobic, Functionalized Graphene/polyurethane Sponge for Effective Continuous Oil-water Separation[J]. Chemical Engineering Journal, 2016, 302: 155-162.

[36] Mažeikiene A., Rimeika M., Valentukevičiene M., et al. Removal of Petroleum Products from Water Using Natural Sorbent Zeolite. Journal of Environmental Engineering and Landscape Management. 2005, 13: 187-191.

[37] Karakasi O. K., Moutsatsou A.. Surface Modification of High Calcium Fly Ash for its Application in Oil Spill Cleanup[J]. Fuel, 2010, 89: 3966-3970.

[38] Wei Q. F., Mather R. R., Fotheringham A. F., et al. Evaluation of Nonwoven Polypropylene Oil Sorbents in Marine Oil-spill Recovery[J]. Marin Pollution Bulletin, 2003, 46: 780-783.

[39] Zhou B., Chen L.. New Strategies for the Synthesis of Covalent Organic Porous Polymers[J]. Acta Chimica Sinica, 2015, 73: 487-497.

[40] 霍培丽，张登峰，王倩倩，等. 页岩吸附性能及作用规律[J]. 化工进展，2016，V35(1)：74-82.

[41] Adebajo M. O., Frost R. L., Kloprogge J. T., et al. Porous Materials for Oil Spill Clean up: a Review of Synthesis and Absorbing Properties[J]. Journal of Porous Materials, 2003, 10: 159-170.

[42] Huang Z., Li Y., Chen W., et al. Modified Bentonite Adsorption of Organic Pollutants of Dye Wastewater[J]. Materials Chemistry and Physics, 2017, 202: 266-276.

[43] Qin Y., Zhang H., Chen N., et al. Malachite Green Adsorption on Acetic Acid Bentonite [J]. Chenical Industry and Engineering Progress, 2016, V35(3): 944-949.

[44] Jabbari V., Veleta J. M., Zarei-Chaleshtori M., et al. Green Synthesis of Magnetic MOF@ GO and MOF@ CNT Hybrid Nanocomposites with High Adsorption Capacity towards Organic Pollutants[J]. Chemical Engineering Journal, 2016, 304: 774-783.

[45] Pettinari C., Marchetti F., Mosca N., et al. Application of Metal-organic Frameworks[J]. Polymer International, 2017, 66: 731-744.

[46] Ding B., Guo C., Liu S. X., et al. A Unique Multi-functional Cationic Luminescent Metal-organic Nanotube for Highly Sensitive Detection of Dichromate and Selective High Capacity Adsorption of Congo Red[J]. RSC Advances., 2016, 6: 33888-33900.

[47] Khan N. A., Hasan Z., Jhung S. H.. Adsorptive Removal of Hazardous Materials Using Metal-organic Frameworks (MOFs): A review[J]. Journal of Hazardous Materials, 2013, 244-245: 444-456.

[48] Wang W.. Porous Organic Polymers: A New Star in Porous Materials[J]. Acta Chimica Sinica, 2015, 73: 461-462.

[49] Ghazi Z. A., Zhu L., Wang H., et al. Efficient Polysulfide Chemisorption in covalent Organic Frameworks for High-Performance Lithium-Sulfur Batteries[J]. Advanced Energy Materials, 2016, 6: 1601250-160125.

[50] Zhou B. L., Chen L.. New Strategies for the Synthesis of Covalent Organic Porous Polymers [J]. Acta Chimica Sinica, 2015, 73: 487-497.

[51] Ullah R., Atilhan M., Anaya B., et al. Investigation of Ester and Amide-Linker-Based Porous Organic Polymers for Carbon Dioxide Capture and Separation at Wide Temperatures and Pressures[J]. ACS Applied Materials and Interfaces, 2016, 8: 20772-20785.

[52] Patra B. C., Khilari S., Satyanarayana L., et al. A New Benzimidazole Based Covalent Organic Polymer having High Energy Storage Capacity[J]. Chemical Communication, 2016, 52: 7592-7595.

[53] Zhu X., An S. H., Liu Y., et al. Efficient Removal of Organic Dye Pollutants Using Covalent Organic Frameworks[J]. American Institute of Chemical Engineers, 2017, V63 (8): 3470-3478.

[54] He Z., Guo S., Gao H., et al. Progress in Super Oil–Absorbent Polymer[J]. Polymer Materials Science and Engineering, 2015, V31(3): 179–184.

[55] Zhou X., Chuai C.. Synthesis of Novel Poly(EPDM–DVB–α–MSt)Oil–Absorbing Resin[J]. China Synthetic Resin and Plastic, 2010, V27(2): 19–22.

[56] Atta A. M., El–Ghazawy R. A. M., Farag R. K., et al. Crosslinked Qeactive Macromonomers Based on Polyisobutylene and Octadecyl Acrylate Copolymers as Crude Oil Sorbers[J]. Reactive and Functional Polymers, 2006, 66: 931–943.

[57] Essawy H. A., Essa M. M., Abdeen Z.. Oil–Absorptive Polymeric Networks Based on Dispersed Oleophilized Nanolayers of Laponite Within Ethylene–Propylene–Diene Monomer Vulcanizates[J]. Journal of Applied Polymer Science, 2010, 115: 385–392.

[58] Choi S., Kwon T. H., Im H., et al. A Polydimethylsiloxane(PDMS)Sponge for the Selective Absorption of Oil from Water[J]. ACS Applied Materials and Interfaces, 2011, 3: 4552–4556.

[59] Kizil S., Karadag K., Aydin G. O., et al. Poly (alkoxysilane) Reusable Organogels for Removal of Oil/organic Solvents from Water Surface [J]. Journal of Environmental Management, 2015, 149: 57–64.

[60] Gisi S. D., Lofrano G., Grassi M., et al. Characteristics and Adsorption Capacities of Low–cost Sorbents for Wastewater Treatment: A review[J]. Sustainable Materials and Technologies, 2016, 9: 10–40.

[61] Sala L. A. G., Villanueva K. M. A., Chua M. T., et al. Novel Glycerol Crosslinked Poly(methyl methacrylate)Synthesized by Chemo–enzymatic Method for Controlled Release Application[J]. Materials Science and Engineering C, 2012, 32: 2205–2211.

[62] Yang J., Shu W., Qin W.. Preparation of Porous High Oil–absprption Methacrylate Resin With Microemulsion Polymerization[J]. Acta Polymerica Sinica, 2010, 7: 910–917.

[63] Hai Ji., Bai B., Ding C., et al. Removal of Oil From Water Surface by Novel Composite NSM–g–P(MMA–co–BA)Super Oil–Absorption Resin[J]. Polymer Composites, 2016.

[64] Lee J. H., Lee T. H., Shim K. S., et al. Effect of crosslinking Density on Adhesion Performance and Flexibility Properties of Acrylic Pressure Sensitive Adhesives for Flexible Display Applications[J]. International Journal of Adhesion and Adhesives, 2017, 74: 137–143.

[65] Zhou X. M., Chuai C. Z.. Synthesis and Properties of Novel High Oil–Absorbing Resin Based on Poly(ethylene–propylene–diene/α–methylstyrene/itaconic acid)[J]. Polymer Engineering

and Science, 2013, 540-545.

[66] Fan L., Chen H., Hao Z., et al. Synthesis of Crosslinked Poly(butyl methacrylate-co-pentaerythritol triacrylate) Gel by Single Electron Transfer-Living Radical Polymerization and Its Oil-Absorbing Properties[J]. Polymer Chemistry, 2012, 50: 4871-4878.

[67] Duan Y., Bian F. L., Huang H. J.. Facile Fabrication of Porous Oil-Absorbent Microspheres with High Oil Absorbency and Fast Oil Absorption Speed[J]. Polymers Advanced Technologies, 2016, 27: 228-234.

[68] Du Y., Fang P., Chen J., et al. Synthesis of Reusable Macroporous St/BMA Polymer Resin and its Absorbency to Organic Solvent and Oil[J]. Polymers Advanced Technologies, 2016, 27: 393-403.

[69] Aydin G. O., Sonmez H. B.. Hydrophobic Poly(alkoxysilane) Organogels as Sorbent Material for Oil Spill Cleanup[J]. Marine Pollution Bulletin, 2015, 96: 155-164.

[70] Yati I., Aydin G. O., Sonmez H. B.. Cross-linked Poly(tetrahydrofuran) as Promising Sorbent for Organic Solvent/oil Spill[J]. Journal of Hazardous Materials, 2016, 309: 210-218.

[71] Zhang G. Q., Zhou M. H., Ma J. H., et al. Preparation and Swelling Properties of Solution Crosslinked Poly(cis-1, 4-butadiene) Gels[J]. Journal of Applied Polymer Science, 2003, 90: 2241-2245.

[72] Wu B., Zhou M. H.. Recycling of Waste Tyre Rubber into Oil Absorbent[J]. Waste Management, 2009, 29: 355-359.

[73] Zhang H., Li Y., Xu Y., et al. Versatile Fabrication of a Super hydrophobic and Ultralight Cellulose-based Aerogel for Oil Spillage Clean-up[J]. Physical Chemistry Chemical Physics 2016, 18: 28297-28306.

[74] Maimaiti H., Arken K., Wumaier M.. Preparation and Properties of Cellulose-based Oil Absorbents[J]. Materials Research Innovations, 2015, 19: 434-439.

[75] Dantas P. A., Botaro V. R.. Synthesis and Characterization of a New Cellulose Acetate-Propionate Gel: Crosslinking Density Determination[J]. Open Journal of Polymer Chemistry, 2012, 2: 144-151.

[76] Li J. Z., Yao K. D. Adsorption from Aqueous Solution Based on the Synergism between Hydrogen Bonding and Hydrophobic Interactions[J]. Journal of Applied Polymer Science, 2005, 96: 841-845.

[77] Ye H., Liu Y., Zhang X., et al. DFT Study on Hydrogen-bonding Adsorption Mechanism of

Rutin onto Macroporous Adsorption Resins Functionalized with Amino, Hydroxyl, and Carboxyl Groups[J]. Structure Chemical, 2013, 24: 1443-1449.

[78] Zhang W., Shi L., An Y., et al. Adsorption of Poly(4-vinyl pyridine) Unimers into Polystyrene-Block-Poly(acrylic acid) Micelles in Ethanol Due to Hydrogen Bonding[J]. Macromolecules, 2004, 37: 2924-2929.

[79] Wang B. C., Huang Y. D., Liu L.. Solvent-dependent Adsorption of Phenolic Resin onto Silica Substrate[J]. Journal of Adhesion Science and Technology, 2005, V19(7): 549-563.

[80] Li, H., Liu Y., Yang Y., et al. Influences of Hydrogen Bonding Dynamics on Adsorption of Ethyl Mercaptan onto Functionalized Activated Carbons: A DFT/TDDFT Study[J]. Journal of Photochemistry and Photobiology A: Chemistry, 2014, 291: 9-15.

[81] Ye H., Liu Y. F., Zhang X. H., et al. DFT Study on Hydrogen-bonding Adsorption Mechanism of Rutin onto Macroporous Adsorption Resins Functionalized with Amino, Hydroxyl, and Carboxyl Groups[J]. Structural Chemistry, 2013, 24: 1443-1449.

[82] Kharlampieva E., Kozlovskaya V., Tyutina J., et al. Hydrogen-Bonded Multilayers of Thermoresponsive Polymers[J]. Macromolecules, 2005, 38: 10523-10531.

[83] Li J., Li D., Li W., et al. Facile Fabrication of Three-dimensional Superhydrophobic Foam for Effective Separation of Oil and Water Mixture [J]. Materials Letters, 2016, 171: 228-231.

[84] Brown J. L., Chen T., Embree H. D., et al. Enhanced Hydrogen Bonding for the Adsorptive Recovery and Separations of Oxygenated Aromatic Compounds from Renewable Resources[J]. Indusrial and Engineering Chemistry Research, 2002, 41: 5058-5064.

[85] LI J., SUN J., SHI Z.. Hydrogen Binding Adsorption and its Prospect[J]. Ion Exchange And Adsorption, 2001, V17(6): 561-566.

[86] Yang D., Zhao F., Zheng R., et al. Influence of Intermolecular Hydrogen Bonding and Solvent Effects on the Excited-state Properties of a Photoactive Yellow Protein Chromophore Compound[J]. Journal of Alloys and Compounds, 2016, 659: 82-89.

[87] Lin Z., Fu J., Yang R., et al. IR Absorption Spectra of Tea Polyphenol Extracted by PA/SiO_2[J]. Journal of Xiamen University(Natural Science), 1999, V38(5): 716-720.

[88] Li H., Liu Y., Yang Y., et al. Influences of Hydrogen Bonding Dynamics on Adsorption of Ethyl Mercaptan onto Functionalized Activated Carbons: A DFT/TDDFT Study[J]. Journal of Photochemistry and Photobiology A: Chemistry, 2014, 291: 9-15.

[89] Mardis K. L., Brune B. J., Vishwanath P., et al. Intramolecular versus Intermolecular

Hydrogen Bonding in the Adsorption of Aromatic Alcohols onto an Acrylic Ester Sorbent[J]. Journal of Physical Chemistry B, 2000, 104: 4735-4744.

[90] Li J. Z., Yao K. D.. Adsorption from Aqueous Solution Based on the Synergism between Hydrogen Bonding and Hydrophobic Interactions[J]. Journal of Applied Polymer Science, 2005, 96: 841-845.

[91] Bando A., Mayumi K., Yokoyama H., et al. Theory of Volume Phase Transition of Slide-ring Gels[J]. Reactive and Functional Polymers, 2013, 73: 904-910.

[92] Quesada-Perez M., Maroto-Centeno J. A., Forcada J., et al. Gel Swelling Theories: the Classical Formalism and Recent Approaches[J]. Soft Matter, 2011, 7: 10536-10547.

[93] 王作龄. 橡胶的交联科学及其进展(一)[J]. 世界橡胶工业, 2005, V32(1): 44-49.

[94] Tang L. M., Guo W., Liu D. S., et al. Crosslinking Mechanism between Acetoacetylated Polyacrylate and Vinyl-ended Polyurethane[J]. Chinese Journal of Applied Chemistry, 1997, 4: 78-80.

[95] Lovell L., Newman S., Bowman C.. The Effects of Light Intensity, Temperature, and Comonomer Composition on the Polymerization Behavior of Dimethacrylate Dental Resins[J]. Journal of Dental Research, 1999, 78: 1469-1476.

[96] Elliott J., Lovell L., Bowman C.. Primary Cyclization in the Polymerization of Bis-GMA and TEGDMA: a Modeling Approach to Understanding the Cure of Dental Resins[J]. Dental Materials, 2001; 17: 221-9.

[97] Shan G. R., Xu P. Y., Weng Z. X., et al. Oil-Absorption Function of Physical Crosslinking in the High-Oil-Absorption Resins[J]. Journal of Applied Polymer Science, 2003, 90: 3945-3950.

[98] Li C., Zhou X., Shao Y., et al. A supramolecular Hydrogel with Identical Cross-linking Point Density but Distinctive Rheological Properties[J]. The Royal Society of Chemistry and the Chinese Chemical Society, 2016.

[99] Ge X., Ye Q., Song L., et al. Effect of Crosslinking Density of Polymers and Chemical Structure of Amine-containing Monomers on the Neutralization Capacity of Dentin Adhesives [J]. Dental Materials, 2015, 31: 1245-1253.

[100] Saleem J., Riaz M. A., McKay G.. Oil Sorbents From Plastic Wastes and Polymers: A Review[J]. Journal of Hazardous Materials, 2018, 341: 424-437.

[101] Oh K. S., Oh J. S., Choi H. S., et al. Effect of Cross-Linking Density on Swelling Behav-

ior of NIPA Gel Particles[J]. Macromolecules, 1998, 31: 7328-7335.

[102] Ding L., Li Y., Jia D., et al. β-Cyclodextrin-based Oil-Absorbents: Preparation, High Oil Absorbency and Reusability[J]. Carbohydrate Polymers, 2011, 83: 1990-1996.

[103] Liu W., Wei D., Cui B.. Collecting Performances of N-dodecylethylene-diamine and its Adsorption Mechanism on Mineral Surface[J]. Transactions of Nonferrous Metals Society of China, 2011, 21: 1155-1160.

[104] Ji Q., Qiao B. F., Zhao D. L.. A Theory of Polymer Solubility Parameter[J]. Acta Physical Sinica, 2007, V56(3): 1155-1160.

[105] Zhang J., Zheng C., Yang Y.. A Determination of The Solubility Parameter of High Degree Polymerization of Polyvinyl Chloride[J]. Polymeric Materials Science and Engineering, 1994, 5: 50-54.

[106] Wang Z.. Relationship Between Oil Length and Solubility Parameter of Alkyd Resin[J]. Aint and Coatings Indusity, 2017, V37(8): 1-4.

[107] Scheirs J., Long T. E. Modern Polyesters[M]. 赵国梁，等译. 北京：化学工业出版社，2007.

[108] 金祖铨，吴念，等. 聚碳酸酯树脂及应用[M]. 北京：化学工业出版社，2009.

2

线性聚碳酸酯前驱体 PBC、PPC、PHC 的合成与表征

2.1 引言

脂肪族聚碳酸酯 APC 作为一种无毒的、可生物降解的、具有良好生物兼容性的功能材料，越来越受业界关注。其结构中的羟基和酯基具有较高的反应活性，可与多种有机物聚合，从而得到具有新功能的聚合材料。可替代传统的石油化工产品用于生物医药和材料领域。APC 的合成方法中光气合成法、开环聚合法、CO_2共聚法等，均不同程度地存在分子量低、催化剂难以分离、环境污染、成本高，以及合成工艺复杂等问题，影响了 APC 的应用。利用 DMC 或 DEC 与脂肪族二元醇聚合的酯交换法，因其使用的催化剂简单，原料廉价易得，DMC 或 DEC 可利用温室气体 CO_2和甲醇/乙醇合成并能够自然降解等优点，被认为是一种绿色环保的合成路线，受到该领域研究者的青睐。

直接酯交换法使用无机或有机催化剂，所得到的 APC 分子量小于 10^3g/mol，熔融温度较低。为了解决这一问题，近几年来报道的两步合成方法初见成效。第一步在相对较低的温度(小于 130℃)和常压条件下，DMC 或 DEC 和脂肪族二元醇预聚，先得到小分子的低聚物。第二步在高温(大于 150℃)、

逐步减压条件下，第一步所得的低聚物继续发生链增长反应。同时，利用高真空度移除生成的小分子化合物，促使反应正向进行，得到高分子量的聚酯。两步法中，第一步反应的温度受 DMC 或 DEC 沸点的限制，一般控制在其沸点温度左右，通过调控低聚物分子中端基的[—OH]/[—OCH_3]比例达到控制 APC 分子量的目的。

2009 年，Ernest Foy 以 BD 和 DMC 为原料采用两步法合成聚碳酸酯 PBC，数均分子量在 1500 左右，T_m为 54.6℃。2013 年，Ji Hae Park 以 NaH 作催化剂，在超高真空度的条件下以 BD 和 DMC 为原料合成的 PBC，重均分子量为 10^5g/mol，T_m达到 60℃，文中就低聚物端基比例对分子量的影响进行了探讨，认为二者摩尔比为 1∶1 时有利于得到大分子的聚酯。由于 DMC 的活性较 DEC 高，故酯交换法制备脂肪族聚碳酸酯多以 DMC 为原料，而以 DEC 和二元醇合成聚碳酸酯的方法鲜有报道。2000 年时，Shuichi Matsumura 发表的文献中，以不同的脂肪酶作催化剂，以 DEC 和 BD 为原料，采用两步法，经过 24～120h 的反应合成聚碳酸酯 PBC。当 DEC 和 BD 的摩尔比为 3∶1 时，聚酯端基存在三种可能的结构，两端—OH，两端—OCH_3，两端分别是—OH 和—OCH_3，重均分子量为 24200g/mol。Qiang Hei 于 2017 年发表的文章中报道了 DEC 和脂肪族二醇在乙醇钠的催化作用下合成 APC，数均分子量小于 3000g/mol。文献所述的两步法在第二步高温阶段先进行回流 2h 后，再于 90kPa 压力下移除小分子，当二元醇的碳原子数分别为 2、3、4、5 时，产物中聚醚含量为 100%、1.8%、0.08%和 0，也就是说合成链状脂肪族聚碳酸酯，长链二元醇的效果优于短链二元醇。

与 DMC 相比，DEC 的活性较低，酯交换反应时间长，分子量低。但是，DEC 可降解为完全无毒的乙醇和 CO_2，符合绿色环保的工艺概念。DEC 沸点为 126℃，较 DMC 高 36℃，将其用于脂肪族聚碳酸酯的合成，可以提高第一步反应的温度，增加低聚物的聚合度，在第二步聚合中得到更高分子量的聚碳酸酯。本课题组前期已经利用两步法对 DMC 和 BD 合成 PBC 的工艺条件进行了研究，成功合成了线性聚碳酸酯 PBC。研究发现，在持续真空度的条件下 PBC 的聚合度比常压条件下高，M_w可达为 10^4g/mol，而常压条件下 PBC 的 M_w 只有 1400g/mol 左右。在文献分析和前期工作的基础上，本章将以 DEC 为聚合单体，以乙醇钠作为催化剂，采用二步酯交换工艺分别与 BD、PD、HD 进行缩聚，得到半晶型的线性聚碳酸酯 PBC、PPC、PHC，探索反应条件、端基比例对聚酯分子量的影响，并对聚酯结构进行表征。

2.2 实验部分

2.2.1 主要实验药品和仪器

表 2.1 中罗列的是本章聚碳酸酯的合成以及后处理所用到的主要化学试剂及药品的名称、纯度和药品来源。如果没有特殊说明，实验过程中所使用的药品和试剂均未进行进一步的纯化处理。

表 2.1 主要实验药品和仪器列表

项　　目	含量	规格	生产商
碳酸二乙酯	≥99%	AR	Aldrich
1,4-丁二醇	≥99%	AR	Aldrich
1,5-戊二醇	≥99%	AR	Aldrich
1,6-乙二醇	≥99%	AR	Aldrich
2,4-戊二酮	≥99%	AR	Aldrich
乙醇钠	≥99.5%	AR	Aldrich
无水硫酸钠	≥99%	AR	Aldrich
氢化钙	99%	AR	天津富辰化学试剂有限公司
氯仿	99.5%	AR	天津富辰化学试剂有限公司
无水乙醇	99.5%	AR	天津富辰化学试剂有限公司
正己烷	99.5%	AR	天津富辰化学试剂有限公司
四氢呋喃	99.5%	AR	天津富辰化学试剂有限公司
氘代氯仿	99.8%	GR	百灵威科技有限公司
SHB-ⅢA 循环水式真空泵	—	—	陕西太康生物科技有限公司
集热式恒温加热磁力搅拌器 DF-101S	—	—	邦西仪器科技上海有限公司

2.2.2 分析与表征方法

2.2.2.1 傅里叶变换红外光谱(FT-IR)

傅里叶变换红外光谱使用的是德国 Bruker 公司生产的型号为“EQUINOX-55”的红外光谱测定仪。采用 KBr 压片法(KBr 需提前做干燥除水处理)进行测定，测定范围为 400~4000cm^{-1}。

2.2.2.2 核磁共振氢谱(^1H NMR)

核磁共振氢谱采用美国 Varian 公司生产的型号为“JEOL EX 400 MHz”的核磁共振仪进行测定，溶剂使用氘代三氯甲烷，内标物采用 TMS，测试在室温条件下进行。

2.2.2.3 热重分析(TG)

热重分析采用梅特勒-托利多生产的型号为“TGA/DSC 1 STAR^e”的热重扫描仪进行测试。N_2吹扫，升温速率为 10℃/min。测试样品重量 5~10mg。

2.2.2.4 凝胶渗透色谱分析(GPC)

凝胶渗透色谱分析采用美国 Waters 公司生产的“1515”型号凝胶色谱仪进行测试。测试样品为 10~20mg，流动相选用 HPLC 级的四氢呋喃，流动相流速为 1min/L。样品溶解于四氢呋喃后使用 0.22μm 孔径的高效液相有机相滤膜进行过滤。测试环境温度保持在(28±3)℃。

2.2.2.5 差热扫描(DSC)

差热扫描分析采用梅特勒-托利多生产的“DSC 822^e”型差热扫描仪进行测试。温升速率为 10℃/min，扫描温度范围为-50~150℃，样品质量为 3~5mg，密封于铝制坩埚中。

2.2.2.6 X-射线粉末衍射(PXRD)

X-射线粉末衍射的测定采用日本岛津的“D/Max-ⅢA”型测定仪进行分析测试。样品粉末 0.1~0.2g，置于干燥的样品载玻片上，压实并保证表面平整后进行测试。辐射源为 Cu 靶 Kα 射线。

2.2.3 催化剂 LiAcac、NaAcac 和 KAcac 的合成

为了探讨催化剂对聚酯分子量的影响，采用参考文献中的方法合成了三种碱性催化剂 LiAcac、NaAcac 和 KAcac，与市售乙醇钠的催化性能进行对比，分别应用于 PBC 的合成中，通过 GPC 的数据分析，考察不同催化剂对 PBC 分子量的影响。

LiAcac 的合成：称取氢氧化锂 LiOH 0.72g(0.03mol)置于 250mL 烧杯中，加入 10mL 去离子水搅拌，LiOH 完全溶解后，再加入 20mL 冰乙醇，置于冰水浴中均匀搅拌。量取 3.09mL(0.03mol)的 2,4-戊二酮，缓慢滴加到 LiOH 的冰乙醇-水溶液中，出现橙色固体颗粒，药品滴加完毕后，反应 30min。过滤得到淡红色固体，用冰乙醇洗涤至白色，置于真空干燥箱中烘干 24h，即可得到白色粉末 LiAcac，产率为 37.2%。

NaAcac 的合成：称取氢氧化钠 2.0g(0.05mol)置于 250mL 烧杯中，加入 5mL 去离子水，待 NaOH 完全溶解后，加入 30mL 冰乙醇，置于冰水浴中均匀搅拌。量取 2,4-戊二酮 5.13mL(0.05mol)，缓慢滴加到氢氧化钠的冰乙醇-水溶液中，出现淡黄色固体颗粒，药品滴加完毕后，反应 30min。过滤得到黄色滤饼，用冰乙醇洗涤至白色，置于真空干燥箱中烘干 24h，即可得到白色粉末 NaAcac，产率为 85.3%。

KAcac 的合成：称取氢氧化钾 KOH 2.0g(0.03mol)置于 250mL 烧杯中，加入 2mL 去离子水，待 KOH 完全溶解后，再加入 20mL 冰乙醇，置于冰水浴中均匀搅拌。量取 2,4-戊二酮 3.09mL(0.03mol)，缓慢滴加到 KOH 的冰乙醇-水溶液中，出现黄色黏稠固体物质，药品滴加完毕后，反应 30min。将过滤得到的黏稠固体用冰乙醇洗涤至白色，置于真空干燥箱中烘干 24h，即可得到白色粉末 KAcac，产率为 83.1%。

2.2.4 线性聚碳酸酯 PBC、PPC、PHC 的合成

DEC、BD、PD、HD 和乙醇钠均为商业直接购买的药品，DEC 和 BD 在

使用前需要进行纯化处理，除去样品中的水分。BD 除水选用无水 Na_2SO_3，在 BD 中加入适量无水 Na_2SO_3，搅拌 12h 后过滤，得到干燥的 BD。DEC 使用 CaH 除水，将适量的 CaH 加入 DEC 中，均匀搅拌 8h 后，过滤，再将滤液进行减压蒸馏，即得到干燥的 DEC。

脂肪族线性聚碳酸酯 PBC、PPC、PHC 的合成采用两步法的合成路线。第一步，预聚阶段：在 N_2氛围和回流温度下反应得到较低分子量的低聚物，并在常压条件下蒸发除去生成的乙醇和过量的 DEC，低聚物的结构和端基比例通过^{1}H NMR 测定。第二步，链增长阶段：未分离的乙醇钠仍作为催化剂，与未完全反应的 BD、PD 或 HD 以及第一步得到的低聚物混合在一起，在高温、高真空度的条件，通过不断移除聚合过程所生成的低沸点小分子及乙醇促进反应正向进行，使得低聚物进一步聚合，得到线性聚碳酸酯 PBC、PPC、PHC。图 2.1 为以 PBC 合成为代表的聚合路线示意图。

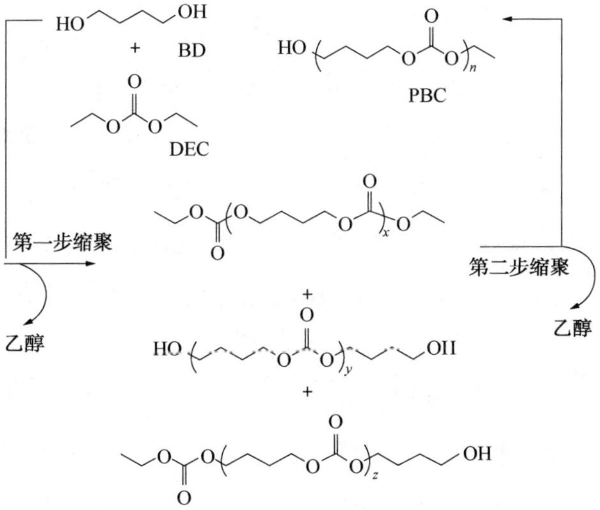

图 2.1　线性聚碳酸酯 PBC 的合成路线

2.2.4.1　PBC 的合成

实验用 50mL 支口烧瓶作为反应器，磁力搅拌。量取 BD 1.23mL (13.87mmol)，称量乙醇钠 1.89mg(BD 摩尔含量的 0.2%)，加入反应瓶中。

使用 Schlenk 双排管系统对反应器进行三次抽真空和充 N_2的操作，充分排除反应器中的空气，密封反应器。量取 DEC 2.63mL(21.75mmol)，利用注射器加入反应器中。将反应器置于 130℃的油浴锅中，均匀搅拌 1.5h 之后，在 150℃条件下敞口蒸发 1h，移除低沸点的轻组分。取少量第一步的产物测定 ^{1}H NMR，然后将反应体系内部的压力控制在 0.01MPa，将温度逐渐升高至 190℃，不断移除生成的小分子，继续反应 6h，得到黏稠的液体，室温下凝固为乳白色固体。将该固体产物溶解于 4mL 氯仿中，加入 20mL 正己烷，不断搅拌，析出白色固体物质，过滤后得到白色粉末，将该产物置于真空干燥箱中干燥 48h，即得到 DEC 和 BD 的聚合物 PBC。对产物进行 FT-IR、^{1}H NMR、TG、GPC、DSC 等测试。改变温度、原料摩尔比、反应时间等条件，考察反应条件对 PBC 分子量大小的影响。

2.2.4.2 PPC 的合成

实验采用 50mL 支口烧瓶作为反应器，磁力搅拌。量取 PD 1.52mL (14.51mmol)加入反应器中，称量乙醇钠 1.97mg(PD 摩尔含量的 0.2%)，加入反应瓶中。使用 Schlenk 双排管系统对反应器反复进行三次抽真空和充 N_2的操作，充分排除反应器中的空气，密封反应器。量取 DEC 2.63mL (21.75mmol)，利用注射器加入反应器中。将反应器置于 130℃的油浴锅中，均匀搅拌 1.5h 之后，在 150℃条件下敞口蒸发 1h，移除低沸点的轻组分，然后将反应体系内部压力控制在 0.01MPa，将温度逐渐升高至 190℃，不断移除聚合脱出的小分子，继续反应 7h，得到黏稠的液体，室温下凝固为乳白色固体。将该固体产物溶解于 4mL 氯仿中，加入 20mL 正己烷，不断搅拌，逐渐析出白色固体物质，过滤后得到白色粉末，将该产物在真空干燥箱中干燥 48h，即得到 DEC 和 PD 的聚合物 PPC。对产物进行 FT-IR、^{1}H NMR、TG、GPC、DSC 等测试。

2.2.4.3 PHC 的合成

实验采用 50mL 支口烧瓶作为反应器，磁力搅拌。准确称取 HD 1.7114g (14.51mmol)加入反应器中，称量乙醇钠 1.97mg(HD 摩尔含量的 0.2%)，加入反应瓶中。使用 Schlenk 双排管系统对反应器进行三次抽真空和充 N_2 的操作，充分排除反应器中的空气，密封反应器。量取 DEC 2.63mL (21.75mmol)，利用注射器加入反应器中。将反应器置于 130℃ 的油浴锅中，均匀搅拌 1.5h 之后，在 150℃ 条件下敞口蒸发 1h，移除低沸点的轻组分。然后将反应体系内部的压力控制在 0.01MPa，将温度逐渐升高至 190℃，不断移除聚合脱出的小分子，继续反应 8h，得到黏稠的液体，室温下凝固为乳白色固体。将该固体产物溶解于 4mL 氯仿中，加入 20mL 正己烷，不断搅拌，析出白色固体物质，过滤后得到白色粉末，将该产物在真空干燥箱中干燥 48h，即得到 DEC 和 HD 的聚合物 PHC。对产物进行 FT-IR、^{1}H NMR、TG、GPC、DSC 等测试。

2.3 结果与讨论

2.3.1 催化剂对 PBC 分子量的影响

在 PBC 的合成中分别使用了碱性催化剂乙醇钠、NaAcac、KAcac、LiAcac。通过测定不同催化剂合成出的 PBC 的分子量，考察催化剂碱性大小对合成过程的影响。乙醇钠从厂家购买直接使用，NaAcac、KAcac 和 LiAcac 是实验室自行合成的药品，合成方法见实验 2.2.3 部分。

按照上文所述 PBC 的合成方法，以 NaAcac、KAcac 和 LiAcac 以及购买的乙醇钠作催化剂，分别用于合成线性聚碳酸酯 PBC，通过 GPC 测定聚酯的分子量，考察催化剂碱性大小对 PBC 分子量的影响。催化剂酸碱性、聚酯产率以及分子量均列于表 2.2 中。可以看出，碱性催化剂对 DEC 与二元醇的反应均具有良好的催化作用，在相同条件下，催化剂碱性的大小对分子量的影响在 10^4 数量级内。通过比较，在几种催化剂中，使用碱性较大的催化剂乙醇钠合成的 PBC 的分子量和产率相对较高，M_n 为 10031g/mol，PDI 为 1.64，产率约 72.8%。所以，在后续实验研究中均选用乙醇钠作为催化剂。

表 2.2　不同催化剂合成 PBC 的 GPC 测试数据

样品	催化剂	pH/(0.1mol/L)	产率/%	M_w/(g/mol)	M_n/(g/mol)	PDI
PBC	NaOEt	12.34	72.8	16498	10031	1.64
PBC	KAcac	11.14	57.2	14834	9509	1.56
PBC	NaAcac	11.00	69.3	9296	5774	1.61
PBC	LiAcac	10.89	62.7	10118	5590	1.81

附注 1：测试流动相为 HPLC 级四氢呋喃，使用前需用 0.2μ 的滤膜进行过滤；

附注 2：催化剂用量：0.2%(相对 BD)，DEC∶BD(mol)=1.5∶1，第二步反应时间为 6h，反应温度为 190℃。

为了考察催化剂用量对 PBC 分子量产生的影响，实验分别用相对于 BD 物质的量的 0.2%、0.4%、0.6%、0.8%的乙醇钠作为催化剂进行反应。合成方法参考 2.2.4.1 PBC 的合成部分。分子量测试数据见表 2.3 和图 2.2。可以看出，在不使用催化剂的条件下，反应结束后体系依然处于液态分层状态，经后处理之后并无产品析出，说明 DEC 和 BD 合成线性聚碳酸酯 PBC 的反应须在催化剂存在的条件下才可能发生。使用 0.1%的乙醇钠，PBC 的分子量 M_n 为 6755g/mol。当催化剂用量为 0.2%～0.8%时 M_n 分布在 8572～10031g/mol。可以看出，实验条件下，0.2%的催化剂用量最佳，用量大于 0.2%对 PBC 的分子量没有显著的影响。

表 2.3　催化剂用量对 PBC 分子量的影响

样品	乙醇钠/%	M_w/(g/mol)	M_n/(g/mol)	PDI
PBC	0	—	—	—
PBC	0.1	13308	6755	1.97
PBC	0.2	16498	10031	1.64
PBC	0.4	15516	8572	1.81
PBC	0.6	16082	9296	1.73
PBC	0.8	15852	8387	1.89

附注：乙醇钠/%为乙醇钠与 BD 的摩尔比，DEC∶BD(mol)=1.5∶1，第二步反应时间为 6h，反应温度为 190℃。

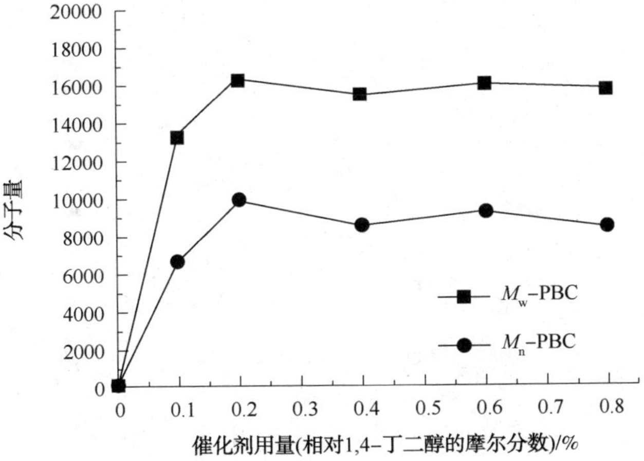

图 2.2　催化剂用量对 PBC 分子量的影响

2.3.2　温度对线性聚碳酸酯合成的影响

DEC 与 BD 的聚合反应分两步进行，第一步在相对较低的温度下预聚，得到小分子的低聚物，这一步的温度受到 DEC 沸点的制约，温度应控制在 130℃左右，温度过高，DEC 易挥发，温度过低，预聚的效果不理想，不利于进一步聚合反应得到高分子量的聚酯。第二步，低聚物分子在减压、高温条件下进一步进行聚合得到线性聚碳酸酯。分子量随反应温度变化的趋势如图 2.3 所示，具体的实验数据见表 2.4，当反应温度为 170℃时，低聚物的聚合度较低，所得产物的 M_w 只有 967g/mol，形态为淡黄色黏稠蜡状物。温度升高至 180℃，即可得到白色的固体粉末聚酯 PBC，但是分子量低，M_w 为 3132g/mol。温度继续升高至为 190℃时，PBC 的 M_w 达到最大值 16498g/mol，升高反应温度至 200℃时，M_w 反而开始下降，当温度升高至 220℃时，M_w 下降至 9832g/mol。可见 DEC 与 BD 的聚合与反应温度有着密切的关系，高温更有利于反应的进行，但是温度高于 200℃时，在真空度较高的条件下，已经达到了 PBC 的初始分解温度，PBC 的碳链开始断裂，导致的分子量降低。这一点与热分析测试的数据相吻合，故第二步的聚合温度控制在 190℃左右为宜。

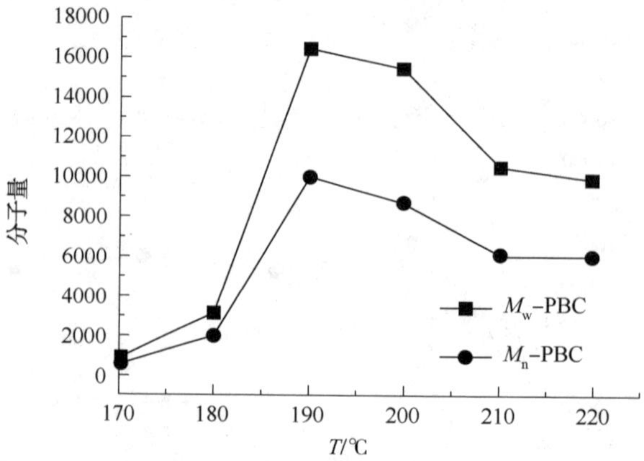

图 2.3　PBC 分子量随反应温度的变化

表 2.4　反应温度对 PBC 分子量的影响

样品	T/℃	产率/%	M_w/(g/mol)	M_n/(g/mol)	PDI
PBC	170	—	967	653	1.48
PBC	180	56.8	3132	2026	1.55
PBC	190	72.8	16498	10031	1.64
PBC	200	63.6	15526	8772	1.77
PBC	210	57.7	10506	6143	1.71
PBC	220	53.1	9832	6069	1.62

附注：催化剂用量为 BD 摩尔量的 0.2%，DEC∶BD(mol)=1.5∶1，第二步反应时间为 6h，反应温度为 190℃。

2.3.3　反应时间对线性聚碳酸酯合成的影响

第一步预聚反应时间为 1.5h，主要得到沸点较高的低分子量，克服了 DEC 沸点较低的问题，有利于升高反应温度进行下一步的聚合。链增长阶段主要发生在第二步高温减压阶段。反应时间无疑是一个关键的影响因素，为了研究时间对反应的影响，以 PBC 的合成为代表，在第二步反应温度和压力恒定的条件下，改变反应时间，对比所得 PBC 的分子量，结果见表 2.5 和图 2.4。

由实验数据可以看出，随着反应时间的增加，PBC 的分子量逐渐增加，当反应时间为 10h 时 M_w 为 25054g/mol，但是继续延长反应时间，分子量却出现下降的趋势，这是由于反应时间增加，已生成的线性聚碳酸酯与 BD 的副反应影响增大，导致分子量下降。所以最佳的反应时间应控制在 10h 之内。

表 2.5　反应时间对 PBC 分子量的影响

t/h	产率/%	M_w/(g/mol)	M_n/(g/mol)	PDI
3	27.7	2752	1994	1.38
4	40.3	4878	3107	1.57
6	72.8	16498	10031	1.64
8	67.1	18098	10283	1.76
10	71.3	25054	13616	1.84
12	60.9	16762	7982	2.10
14	56.8	12754	6283	2.03

附注：反应温度为 190℃，DEC : BD = 1.5 : 1，乙醇钠用量为 BD 的 0.2%。

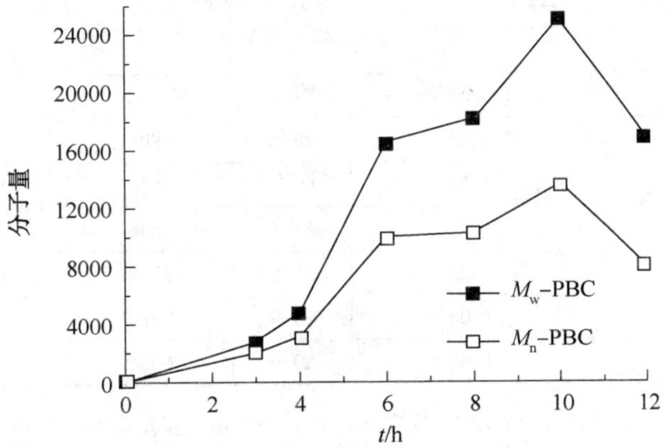

图 2.4　PBC 分子量随反应时间的变化

2.3.4　原料摩尔比对 PBC 分子量的影响

DEC 和 BD 的摩尔比对所合成线性聚碳酸酯 PBC 的分子量有相当重要的影响。不同投料比下 PBC 的分子量测试数据如表 2.6 和图 2.5 所示。通过实验数据可以看出，比例过大或者过小都不利于 PBC 的链增长。这是因为在碱性催化剂的作用下，合成 PBC 的酯交换反应发生在分子链端的酯基和羟基之间，DEC 的摩尔比例过大，所生成低聚物分子的两个端基均为酯基，在进一步的酯交换中脱出的小分子为碳酸二乙酯 DEC，DEC 会与低聚物继续反应，阻碍了低聚物之间的聚合，分子量下降。反之，BD 的摩尔比例过大，低聚物分子的端基均为羟基，酯交换反应难以继续进行，而且，过量的 BD 会使已经形成的线性聚碳酸酯的碳链断裂，导致 PBC 的分子量减小。这两种情况都不利于酯化反应的进一步进行，所以形成的线性聚碳酸酯分子量较小。当 DEC∶BD=1.5∶1 时，分子量达到最高，数均分子量 M_n 为 10031g/mol，重均分子量 M_w 为 16498g/mol。在 1.5∶1 的投料比下，第一步反应所得低聚物端基中，酯基和羟基比例为 1.1∶1，保证了在第二步反应中，低聚物分子之间的酯基和羟基继续聚合，得到分子量较高的线性聚碳酸酯 PBC。这一点将在下文的^{1}H NMR 分析部分作详细的论述。

表 2.6　原料比对 PBC 分子量的影响

样品	DEC∶BD(mol)	$—OCH_2CH_3/—OH^b$	产率/%	M_w/(g/mol)	M_n/(g/mol)	PDI
PBC	0.5∶1	—	—	—	—	—
PBC	1∶1	0.54	33.2	2848	1481	1.99
PBC	1.5∶1	1.05	72.8	16498	10031	1.64
PBC	2∶1	1.34	69.2	7614	5082	1.50
PBC	2.5∶1	1.96	54.8	3548	2430	1.46
PBC	3∶1	2.27	23.5	2238	1632	1.37
PPC	1.5∶1	1.05	66.9	10612	6169	1.72
PHC	1.5∶1	1.08	60.9	6664	3786	1.76

附注：第一步反应时间温度为 130℃，反应时间为 1.5h。第二步反应时间分别为 PBC 6h，PPC 7h，PHC 8h。反应温度为 190℃。乙醇钠用量为 BD/PD/HD 物质的量的 0.2%。b 为第一步样品的^{1}H NMR 测试结果。

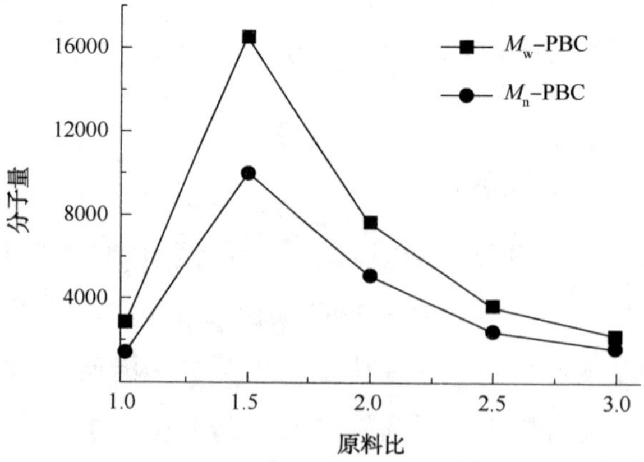

图 2.5　DEC∶BD(mol)对 PBC 分子量的影响

2.3.5 线性聚碳酸酯 PPC、PHC 的合成及分子量

PPC 和 PHC 的合成方法见前文实验部分。催化剂选用乙醇钠，用量为 PD 和 HD 物质的量的 0.2%，反应温度为 190℃。对所得聚酯 PPC 和 PHC 进行 GPC 分析，测定分子量的分布。结果如表 2.6 所示。PPC 和 PHC 的减压高温反应时间大于 6h，才会有固体产物析出，反应时间不足，析出的产物为低分子量的油状物。PPC 和 PHC 的第二步反应时间分别为 7h 和 8h，但是分子量小于 PBC，重均分子量分别只有 10612g/mol 和 6664g/mol。继续延长反应时间，并不利于低聚物的链增长。这是因为二元醇的碳链越长，端基活性降低反应进行的难度越大。继续延长反应时间，已生成的线性聚碳酸酯与体系中二元醇的副反应影响增大，导致聚合物长链断裂，所以分子量增长困难。

2.3.6 线性聚碳酸酯的表征与分析

2.3.6.1 傅里叶变换红外光谱(FT-IR)分析

利用 FT-IR 分析可以对聚酯的结构进行初步表征。测试选择的 PBC、PPC、PHC 样品的合成条件为：DEC 与二醇原料比为 1.5：1，第二步反应温度为 190℃，恒定压力(0.01MPa)，反应时间分别为 6h、7h、8h。其他表征测试均选取该条件下合成的样品。FT-IR 数据如下，谱图见图 2.6。

PBC FT-IR(KBr, cm^{-1})：ν = 2964(w), 2318(w), 1743(s), 1529(w), 1458(w), 1402(w), 1324(w), 1265(w), 1236(s), 1025(s), 926(w), 903(w), 798(w), 696(w), 640(w), 572(w)。

PPC FT-IR(KBr, cm^{-1})：ν = 2945(w), 2870(w), 2296(w), 1740(s), 1584(w), 1473(w), 1402(w), 1296(w), 1249(vs), 1056(s), 1017(s), 941(w), 883(w), 792(w), 703(w), 639(w), 581(w)。

PHC FT-IR(KBr, cm^{-1})：ν = 2940(w), 2871(w), 2303(w), 1736(s), 1574(w), 1477(w), 1409(w), 1302(w), 1252(vs), 1071(w), 1014(w), 957(w), 790(w), 737(w), 684(w), 628(w), 569(w)。

从红外谱图(图 2.6)可以看出，PBC、PPC、PHC 分别在 1740cm^{-1} 和

1240cm^{-1}左右出现较强的羰基特征峰，可归属为羰基的伸缩振动和变形振动峰；2937cm^{-1}处的小峰可能是由于—CH_3的伸缩振动引起的；770cm^{-1}左右出现的尖峰可能是由于—CH_2的面内摇摆振动所致，可以用来判断长链—CH_2的存在。红外谱图能够充分说明 DEC 分别与 BD、PD、HD 之间发生了酯交换反应生成聚碳酸酯。

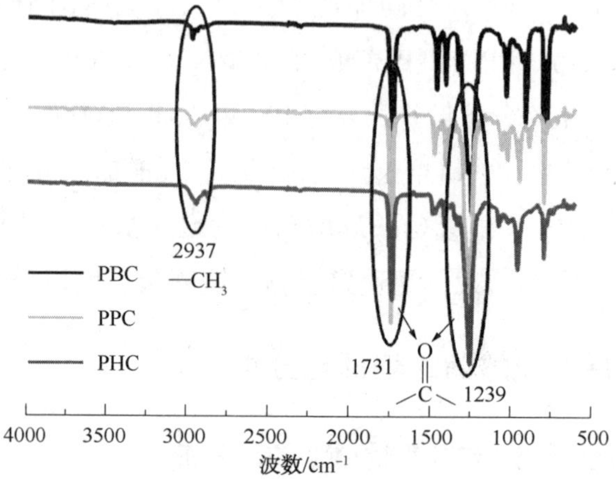

图 2.6　PBC、PPC、PHC 红外谱图

2.3.6.2　核磁共振氢谱(^{1}H NMR)分析

以 PBC 为代表性样品，对其合成过程中第一步形成的寡聚物以及线性聚碳酸酯 PBC、PPC、PHC 的^{1}H NMR 进行表征，以确定聚酯结构。测试数据如下，^{1}H NMR 谱图分别见图 2.7 和图 2.8。

(1) BD 与 DEC 所得低聚物及聚碳酸酯 PBC 的^{1}H NMR 数据

BD 与 DEC 所得低聚物的^{1}H NMR(400MHz，$CDCl_3$)：δ(ppm)4.163(t，—CH_2O(CO)O)，3.684(m，—CH_2OH and —CH_2OH of free BD)，1.775(m，—CH_2CH_2O(CO)O)，1.714(s，—CH_2CH_2OH of free BD)，1.666(m，—CH_2CH_2OH)，1.311(t，CH_3CH_2O(CO)O—)。

PBC 的^{1}H NMR(400MHz，$CDCl_3$)：δ(ppm)4.163(t，—CH_2O(CO)O)，3.688(m，—CH_2OH)，1.774(m，—CH_2CH_2O(CO)O)，1.667(m，—CH_2CH_2OH)，1.311(m，CH_3CH_2O(CO)O—)。

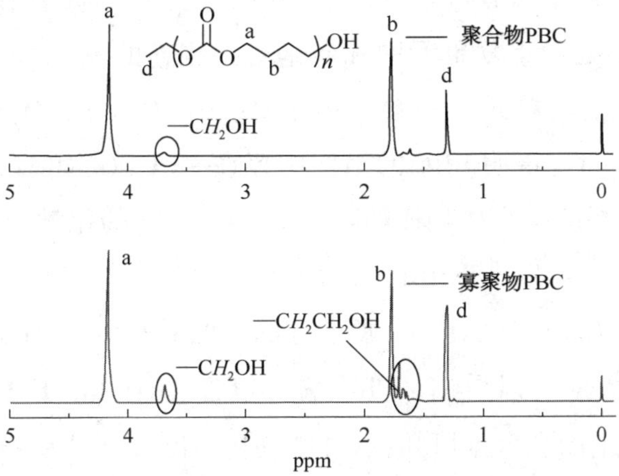

图 2.7 PBC 和第一步低聚物的^{1}H NMR(400MHz)谱图

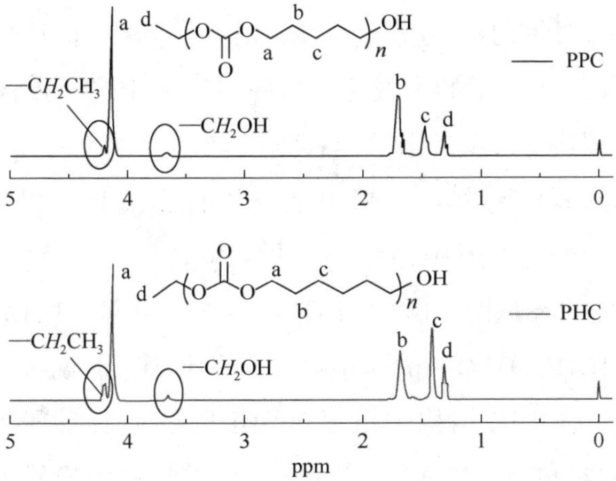

图 2.8 PPC、PHC 的^{1}H NMR(400MHz)谱图

(2) 聚酯 PPC 和 PHC 的^{1}H NMR 数据

PPC 的^{1}H NMR(400MHz, $CDCl_3$): δ(ppm)4.142(t, $—CH_2O(CO)O$), 3.667(m, $—CH_2OH$), 1.722(m, $—CH_2CH_2OC(O)O$), 1.484(m, $—CH_2CH_2CH_2OC(O)O$), 1.321(m, $CH_3CH_2O(CO)O—$)。

PHC 的^{1}H NMR(400MHz, $CDCl_3$): δ(ppm)4.133(t, $—CH_2O(CO)O$), 3.658(m, $—CH_2OH$)), 1.693(m, $—CH_2CH_2OC(O)O$), 1.423(m, $—CH_2CH_2CH_2OC(O)$)), 1.323(m, $CH_3CH_2O(CO)O—$)。

从谱图2.8中可以得到以下信息：PBC的^{1}H NMR谱图中，化学位移4.163(标记为a)处为重复单元中和羰基直接相连的—CH_2的响应峰，1.774处化学位移代表重复单元中和羰基相连的—$CH_2CH_2OC(O)O$—中的H，二者峰面积比为1∶1，说明PBC的结构中存在—$OC(O)OCH_2CH_2$—。化学位移3.684处为与羟端基直接相连的亚甲基—CH_2OH的化学位移，a峰与其峰面积比为100∶1，可以推算出PBC分子结构中的重复单元数约为50，1.313化学位移处是$CH_3CH_2O(CO)O$—所引起的，说明PBC的端基中存在乙酯基。从PBC的核磁数据可以看出，PBC端基包含—OH和CH_3—两种结构。由PPC的^{1}H NMR谱图和数据可知，4.142处化学位移归属为—$CH_2O(CO)O$—，1.722处化学位移的峰是由—$CH_2CH_2OC(O)O$—所引起的，1.484处的响应峰是由—$CH_2CH_2CH_2OC(O)O$—引起的，这三处分别是聚酯PPC重复单元碳链上不同碳原子上的H，分别记作a，b，c，其峰面积比为2∶2∶1，完全符合PPC结构中H原子的个数比，这一点证明PPC的结构中含有羰基以及5个碳原子的碳链。3.667化学位移处的峰应为端基—CH_2OH的特征峰，其峰面积与a峰的面积比为1∶50，由此大致计算出PPC结构中的重复单元个数为25。PHC核磁谱图中，4.133化学位移处归属为—$CH_2O(CO)O$，1.693化学位移处的峰是由—$CH_2CH_2OC(O)O$所引起，1.424化学位移处的峰为—$CH_2CH_2CH_2OC(O)O$—的响应峰，分别记作a，b，c，该三处的峰面积比为1∶1∶1，与PHC结构中重复单元不同位置H原子的个数比完全对应，说明其结构与目标结构一致，证明PHC结构中含有羰基和6个碳原子的碳链。在3.658化学位移处的响应峰为端基—CH_2OH的特征峰，其峰面积与a峰—$CH_2O(CO)O$—的面积比为1∶26，PHC的结构中大约有13个重复单元的嵌段。结合1.323化学位移处$CH_3CH_2O(CO)O$—的峰说明PHC的端基结构中包含羰基和羟基两种基团。

对合成PBC过程中第一步的低聚物样品进行^{1}H NMR分析可知，3.684处的峰是由与端羟基相连的—CH_2OH所引起的，该响应信号在第二步的聚合物产物PBC中减弱，但是仍存在较弱的—OH响应峰。1.313化学位移处是由CH_3CH_2O—所引起的。低聚物中—$CH_2O(CO)O$—处与—CH_2OH处的峰面积比为8：1，可计算出低聚物结构中大约只有4个重复单元，经过第二步真空高温聚合后，在PBC结构中二者的比值为100：1，重复单元增加到50个。说明在高温、减压条件下，移除生成的小分子物质有利于链的增长。通过分析不同原料比条件下第一步低聚物的^{1}H NMR可知，DEC和BD的投料比不同，CH_3CH_2O—与—CH_2OH在低聚物中的比例不同，所得分子量不同，也就是说端基中酯基和羟基的比例不同，会直接影响聚酯PBC的分子量。所以，通过调节CH_3CH_2O—和—CH_2OH的比例可以控制PBC的分子量。当DEC：BD=1.5：1时，CH_3CH_2O—/—CH_2OH在低聚物中的积分面积比为3：2.1，即CH_3CH_2O—/—OH的摩尔比约为1：1.05，此时PBC的分子量达到最高。PBC中CH_3CH_2O—/—OH的摩尔比增加为4.5：1，说明聚酯PBC端基中的酯基比例较高，但仍有—OH存在。Lee B. Y. 在DMC与BD合成PBC的文献中通过精准调节第二步的压力逐步降低至3mmHg，并在控制—OCH_3/—OH的比值约为1.1的条件下可得到重均分子量为10^4的聚酯。当比值为0.5时无产物，当DEC过量且比值为4.0时，分子量降低为10^4，与本书端基比例和分子量之间的变化趋势相同。不同原料比下所得低聚物的—OCH_2CH_3/—OH比值对PBC分子量的影响列于前文表2.6中。

2.3.6.3 PBC、PPC、PHC的热重分析(TG)

通过热重分析可以对线性聚碳酸酯PBC、PPC、PHC的热力学性能进行探索。测试方法和参数见上文，热重谱图如图2.9所示。从图2.9中可以得出如下信息：PBC、PPC、PHC的热分解曲线都只有一个平台，热分解过程中无中间产物。聚酯PBC的初始分解温度T_i为196℃，此时分解速度非常缓慢。外推分解温度T_{ei}为308℃，当升温至该温度时，分解速度迅速增加。外推终止温度T_{ef}为336℃，当升温至该温度时，分解速率逐渐降低，终止温度T_f为441℃，在该温度点，PBC完全分解。

PPC的初始分解温度T_i为217℃，外推分解温度T_{ei}为319℃，当升温至该温度时，分解速度迅速增加。外推终止温度T_{ef}为354℃，当升温至该温度时，分解速率逐渐降低，终止温度T_f为485℃，在该温度点，PPC完全分解。PHC的初始分解温度T_i为238℃，外推分解温度T_{ei}为333℃，当升温至该温度时，分解速度迅速增加。外推终止温度 T_{ef} 为 377℃，当升温至该温度时，分解速率逐渐降低，终止温度 T_f 为 496℃，在该温度点，PHC 完全分解。

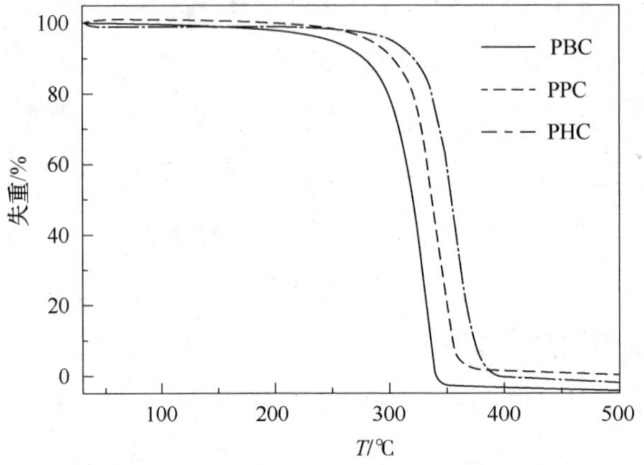

图 2.9　PBC、PPC、PHC 的热重谱图

从热重数据可以看出，PBC 的初始分解温度和终止温度最低，PHC 的初始分解温度和终止温度最高，PPC 居于二者之间，这说明随着重复单元中碳链长度的增加，分解温度升高，热稳定性增强。这是因为聚酯分子结构单元中碳酸酯基原子之间的作用力较弱，随着重复单元中亚甲基个数的增加，酯基的相对含量下降，所以分解温度升高。三种聚碳酸酯中只含有 C、H、O 三种元素，热分解后转化为 CO_2 和 H_2O，无残留灰分。热重分析结果表明，当聚合反应温度大于 200℃时分子量下降确实是由于聚酯达到分解温度而引起的。

2.3.6.4　PBC、PPC、PHC 的粉末衍射分析(PXRD)

PBC、PPC、PHC 是具有重复单元的链状脂肪族聚碳酸酯，通过它们的 PXRD 谱图(图 2.10)可以看出聚酯 PBC 在 2θ 角为 16.7°，21.2°，21.7°和 24.5°处出现较尖的峰，PPC 的特征峰出现在 2θ 角为 15.1°，20.9°，21.7°，22.9°和 24.5°处，PHC 在 2θ 角为 15.0°，20.2°和 23.9°处出现特征峰。Wenxiang Zhu 对 APC 的 PXRD 进行了测试，PBC 的特征峰 2θ 角分别为 16.4°，20.9°，21.3°和 24.1°，PPC 的特征峰出现在 14.6°，20.6°，22.4°和

24.6°，PHC 在 14.8°，20.0°和 23.1°出现三个峰，出峰的位置均与本章所合成的低聚物接近。说明 PBC、PPC、PHC 均呈现出一定的晶态。对于该类长链聚合物，有可能是结构中的链状重复单元以链段有序折叠的形态构成了具有一定结晶度的聚合物。所以，本书所合成的线性聚碳酸酯 PBC、PPC、PHC 是具有半晶型结构的聚合物。

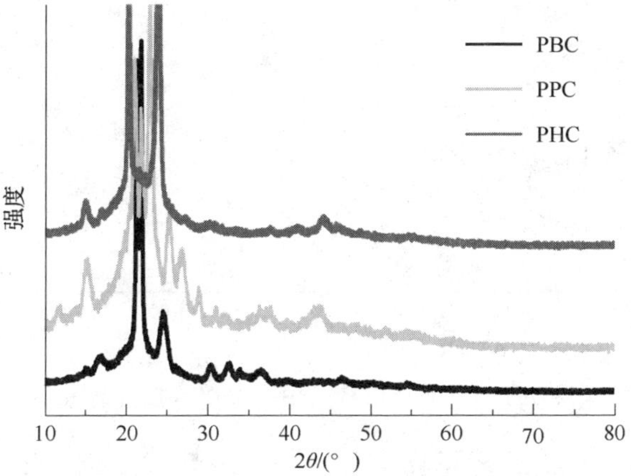

图 2.10　PBC、PPC、PHC 的 PXRD 谱图

2.3.6.5　PBC、PPC、PHC 的差热扫描(DSC)

差热扫描 DSC 主要测试线性聚碳酸酯的吸热放热过程能量的变化，DSC 曲线说明半晶型结构的线性聚碳酸酯 PBC、PPC、PHC 具有较窄的熔程和较低的熔融温度，测试曲线如图 2.11 所示。PBC 的熔融温度为 65℃，PPC 的熔融温度为 60℃，PHC 为 57℃。Ji Hae Park 合成的 PBC 熔融温度小于 57℃，Wen X. Z. 合成的 PBC、PPC 和 PHC 熔融温度分别为 60℃、38℃和 49℃，可以看出本书所合成聚酯的熔融温度高于同类文献的报道。三类线性聚碳酸酯中分子量最高的 PBC 熔融温度较高，分子量最低的 PHC 熔融温度较 PBC 低 8℃，熔融温度随着低聚物中重复单元碳链上碳原子个数的增加而降低。这一现象可以从结晶度大小的角度来解释。结晶度一般用于衡量线性聚碳酸酯结晶区域的比例，对于分子量较大的线性聚碳酸酯来讲，结晶度的变化范围较宽，可以通过热量来估算。DSC 曲线中，对峰面积积分可得到聚酯的熔融焓，利用线性聚碳酸酯的熔融焓 ΔH_m 和标准熔融焓 $\Delta H_m^{\ominus}$ 可以估算

出结晶度 X_c，如式(2.1)所示。PBC、PPC、PHC 的结晶度估算见表 2.7。

$$X_c = \frac{\Delta H_m}{\Delta H_m^{\ominus}} \tag{2.1}$$

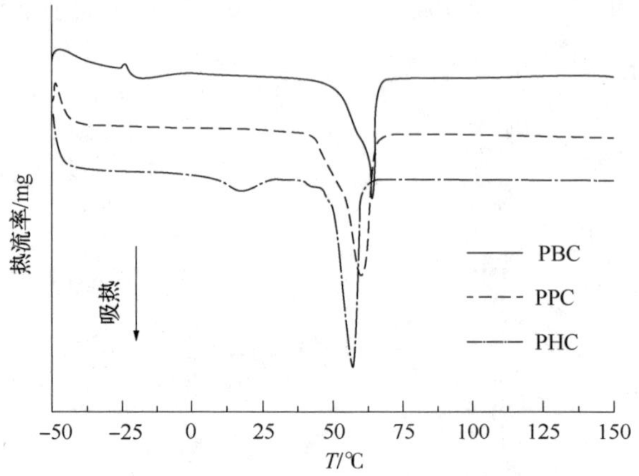

图 2.11　PBC、PPC、PHC 的 DSC 扫描谱图

通常，聚合物的结晶度越高，分子链的排列越规则，聚酯发生状态改变时就需要更高的温度来破坏有序的分子结构，熔融温度也就越高。从表 2.7 可以看出 PBC、PPC、PHC 的结晶度依次升高，所以其熔融温度也增加。本书所合成的线性聚碳酸酯与文献相比熔融温度较高，稳定性能更好。结合 TG 分析，脂肪族线性聚碳酸酯 PBC、PPC、PHC 性能稳定的应用温度小于 57℃。

表 2.7　PBC、PPC、PHC 的熔融温度以及结晶度

Sample	T_m/℃(文献)	T_m/℃	X_c/%	ΔH_m/(mJ/mg)	$\Delta H_m^{\ominus}$/(mJ/mg)
PBC	60.5	65	30.8	42.3	137.1
PPC	37.9	60	25.4	30.3	119.7
PHC	48.7	57	21.0	16.6	79.0

附注：熔融焓 ΔH_m 由 DSC 测试软件计算，标准焓 $\Delta H_m^{\ominus}$ 由文献提供。

2.3.7　可能的反应机理

本书以乙醇钠作为催化剂催化 DEC 与 BD、PD、HD 的聚合反应，链增长的反应发生在—OH 和—OC(O)OCH_2CH_3两个端基之间，推测可能的反应机理如图 2.12 所示。催化剂乙醇钠首先进攻低聚物分子的端—OH，形成末端醇盐阴离子，该醇盐阴离子继续进攻—OC(O)OCH_2CH_3，形成一个四面体结构的中间体Ⅰ，释放出乙氧基负离子 $CH_3CH_2O^-$，从而将低聚物分子间的—OH 和—OC(O)OCH_2CH_3连接起来，实现链增长，释放出的乙氧基负离子 $CH_3CH_2O^-$被端基的—OH 质子化生成乙醇。另外一种可能是未分离的催化剂乙醇钠与未反应完全的二醇进攻聚合物分子中的—OC(O)O—，释放出乙氧基负离子 $CH_3CH_2O^-$，形成新的四面体中间体Ⅱ，聚合物的连接结构被打断形成短链聚酯。由此分析可知，聚合过程中未分离的催化剂和未完全反应的二元醇的存在可能会导致分子量下降。本书中合成 PBC、PPC、PHC 采用的两步法中，并未在反应第二步聚合阶段对催化剂和未完全反应的二元醇进行分离，那么乙醇钠作为催化剂在加速聚合反应进行的同时，会和残留的二元醇共同作用打断已经聚合形成的分子长链，这也是本书中聚碳酸酯的分子量只能达到 10^4的原因之一。

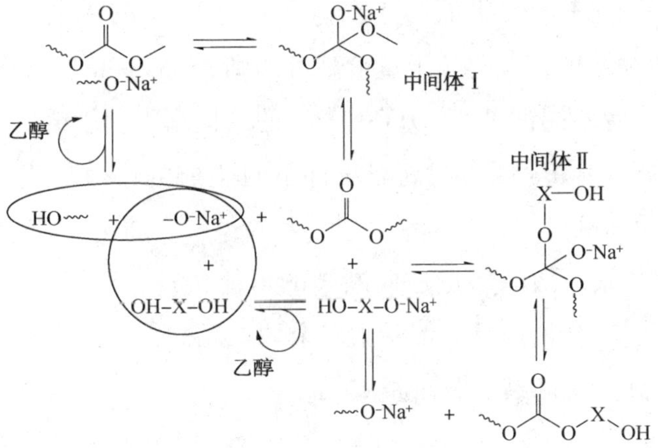

图 2.12　乙醇钠催化合成 PBC 第二步酯交换反应可能的链增长机理

2.4　本章小结

本章以碳酸二乙酯(DEC)和二元醇 1,4-丁二醇(BD)、1,5-戊二醇

(PD)、1,6-己二醇(HD)为合成单体，采用两步酯交换工艺合成了线性聚碳酸酯 PBC、PPC、PHC，研究了不同反应条件对线性聚碳酸酯分子量的影响，并对线性聚碳酸酯的结构和性质进行了表征，结论如下：

(1) 合成了重均分子量分别为 25054g/mol、10612g/mol、6664g/mol 的线性聚碳酸酯 PBC、PPC、PHC，并通过 FT-IR、^{1}H NMR 和 PXRD 对聚酯的结构进行表征。FT-IR、^{1}H NMR 证明聚酯重复的单元中存在碳酸酯和二元醇的单体结构，PXRD 分析说明所合成的线性聚碳酸酯具有半晶体结构。

(2) 差热扫描分析(DSC)说明线性聚碳酸酯 PBC、PPC、PHC 的熔融温度分别为 65℃、60℃、57℃，高于同类文献的报道。根据 DSC 测试结果推断出线性聚碳酸酯的结晶度分别为 30.8%、25.4%、21.0%。热分析 TG 证明线性聚碳酸酯的初始分解温度分别为 196℃、217℃、238℃。

(3) 研究了 DEC 和 BD 所得低聚物的端基摩尔比 CH_3CH_2O—/—OH 对线性聚碳酸酯的分子量的影响。发现通过控制第一步低聚物 CH_3CH_2O—和—OH 的比例，可以得到不同分子量及不同端基的线性聚碳酸酯 PBC。当 CH_3CH_2O—和—OH 的比值为 1.05∶1 时，PBC 的端基中含有—OH 和 CH_3CH_2O—两种结构，重均分子量最高可达到 25054g/mol。低聚物分子中两端都是—OH 或者两端都是—CO(CO)O—的结构均不利于链增长反应。第二步聚合反应在 0.01MPa 压力和高温条件下对生成的小分子进行分离，有利于链增长反应的进行。

(4) 提出了聚碳酸酯碳链逆向断裂的可能机理。乙醇钠在催化 DEC 与二醇聚合的同时，会加速反应体系中残余的二元醇与已经生成的碳酸酯长链反应，从而导致碳链断裂、分子量降低。

参 考 文 献

[1] Arvind S. M., Dnyaneshwar V. P., Eric C., et al. Aliphatic Polycarbonates and Poly(ester carbonate)s from Fatty Acid Derived Monomers[J]. Polymer Chemistry, 2011, 2: 2796-2803.

[2] Feng J., Zhuo R. X., Zhang X. Z.. Construction of Functional Aliphatic Polycarbonates for

Biomedical Applications[J]. Progress in Polymer Science, 2012, 37: 211-236.

[3] Wang Q., Wang H., Feng J., et al. Advances in Functionalization of Biodegradable Aliphatic Polycarbonates[J]. Polymer Materials Science and Engineering, 2015, 31(2): 185-190.

[4] Jiang Z., Liu C., Gross R. A.. Lipase-Catalyzed Synthesis of Aliphatic Poly(carbonate-co-esters)[J]. Macromolecules, 2008, 41: 4671-4680.

[5] Feng J., Wang H., Zhang X., et al. Investigation on Lipase-catalyzed Solution Polymerization of Cyclic Carbonate[J]. European Polymer Journal, 2009, 45: 523-529.

[6] Yi N., Unruangsri J., Shaw J., et al. Williams. Carbon Dioxide Capture and Utilization: using Dinuclear Catalysts to Prepare Polycarbonates[J]. Faraday Discuss, 2015, 183: 67-82.

[7] Varghese J. K., Na S. J., Park J. H., et al. Thermal and Weathering Degradation of Poly (propylene carbonate)[J]. Polymer Degradation and Stability, 2010, 95: 1039-1044.

[8] Naik P. U., Refes K., Sadaka F.. Organo-catalyzed Synthesis of Aliphatic Polycarbonates in Solvent-free Conditions[J]. Polymer Chemistry, 2012, 3: 1475-1480.

[9] Leino E., Mäki-Arvela P., Eta V. Conventional Synthesis Methods of Short-chain Dialkylcarbonates and Novel Production Technology via Direct Route from Alcohol and Waste CO_2[J]. Applied Catalysis A: General, 2010, 383: 1-13.

[10] Santos B. A. V., Silva V. M. T. M., Loureiro J. M., et al. Review for the Direct Synthesis of Dimethyl Carbonate[J]. Chemical and Biochemical Engineering Reviews, 2014, V1(5): 214-229.

[11] Zhao Z. J., Zhang J. W. Lipase-catalyzed Synthesis of Aliphatic Polyesters via Copolymerization of Lactide with Diesters and Diols[J]. Polymer, 2013, 54: 6105-6113.

[12] Wei Y. B., Han S., The Progress of the Synthesis Method for Polycarbonate Diol by Transesterification[J]. Polyurethane Industry. 2014, 29(5): 5-9.

[13] Lee J. J., Jeon J. Y., Park J. H., et al. Preparation of High-Molecular-weight Poly (1,4-butylene carbonate-co-terephthalate) and its Thermal Properties[J]. RSC Advances, 2013, 3: 25823-25829.

[14] Sun J., Aly K. I., Kuckling D.. A Novel One-pot Process for the Preparation of Linear and Hyperbranched Polycarbonates of Various Diols and Triols Using Dimethyl Carbonate[J]. RSC Advances, 2017, 7: 12550-12560.

[15] Park S. Y., Chun J., Jeon J. Y., et al. Branched Poly(1,4-Butylene Carbonate-co-

Terephthalate)s: LDPE-Like Semicrystalline Thermoplastics[J]. Polymer Chemistry, 2015, 53: 914-923.

[16] Foy E., Farrell J. B., Higginbotham C. L.. Synthesis of Linear Aliphatic Polycarbonate Macroglycols Using Dimethylcarbonate [J]. Journal of Applied Polymer Science, 2009, 111: 217-227.

[17] Park J. H., Jeon J. Y., Lee J. J., et al. Preparation of High-Molecular-Weight Aliphatic Polycarbonates by Condensation Polymerization of Diols and Dimethyl Carbonate[J]. Macromolecules, 2013, 46: 3301-3308.

[18] Matsumura S., Harai S., Toshima K.. Lipase-catalyzed Polymerization of Diethyl Carbonate and Diol to Aliphatic Poly(alkylene carbonate)[J]. Macromolecular Chemistry and Physics. 2000, 201: 1632-1639.

[19] He Q., Zhang Q., Liao S., et al. Understanding Cyclic By-products and Ether Linkage Formation Pathways in the Transesterification Synthesis of Aliphatic Polycarbonates[J]. European Polymer Journal, 2017, 97: 253-262.

[20] Leino E., Mäki-Arvela P., Eta V., et al. Conventional Synthesis Methods of Short-chain Dialkylcarbonates and Novel Production Technology via Direct Route from Alcohol and Waste CO_2 [J]. Applied Catalysis A: General, 2010, 383: 1-13.

[21] Schmidt F. K., Titova Y. Y., Kolesnikov S. S., et al. Nanosized Nickel Ziegler-type Hydrogenation Catalysts: The Role of Organoaluminum and Proton-donating Compounds in Their Formation and Optimum Catalysis[J]. Applied Catalysis A: General, 2015, 499: 177-187.

[22] Kuran W., Sobczak M., Listos T., et al. New Route to Oligocarbonate Diols Suitable for the Synthesis of Polyurethane Elastomers[J]. Polymer, 2000, 41: 8531-8541.

[23] Jeon J. Y., Hwang E. Y., Eo S. C., et al. Preparation of Macrodiols and Polyols by Chopping High-Molecular-Weight Aliphatic Polycarbonates[J]. Polymer Chemistry, 2014, 52: 1570-1580.

[24] Wenxiang Zhu, Xi Huang, Chuncheng Li, et al. High-Molecular-Weight Aliphatic Polycarbonates by Melt Polycondensation of Dimethyl Carbonate and Aliphatic Diols: Synthesis and Characterization[J]. Polymer International, 2011, 60: 1060-1067.

3 基于1,3,5-苯三羧酸三甲酯的交联结构聚碳酸酯树脂的合成及其吸附性能研究

3.1 引言

随着现代工业技术和社会的发展，有机物污染的问题越来越严重，高分子吸油树脂是一种含有亲油基团的网状结构的吸附材料，对有机溶剂表现出自溶胀效应，可吸附数倍甚至数十倍于自身重量的有机溶剂。作为吸附剂分离有机污染物时，因其操作简便、吸附速率快、吸附剂可回收再利用、不会产生二次污染等优点，在环保材料领域广受关注。目前，有关吸油树脂的报道主要以丙烯酸酯及其衍生物与醇、酯的聚合为主。2016 年，Yajing Duan 以甲基丙烯酸十八烷基酯和丙烯酸丁酯共聚合成的树脂能够快速吸附油性溶剂。Leo Albert G. Sala 以甲基丙烯酸甲酯为交联剂，与丙三醇缩聚合成凝胶树脂，在丙酮中的溶胀度为 289%。Wei Z. 合成的甲基丙烯酸十二酯，对四氯化碳具有良好的吸附性能，溶胀度可达 1150%。上述聚酯作为一种新型聚合材料，对多种有机溶剂具有吸附性能，但是吸附效率较低，吸附量为干吸附剂质量的 10 倍左右。2009 年，B. Wu 以 4-叔丁基苯乙烯和丁苯橡胶为单体，二乙烯基苯作为交联剂合成的凝胶型吸附材料能够快速吸附甲苯，吸附量可达 24g/g。Yang Du 以丙烯酸酯和苯乙烯共聚，并在聚合过程中加入致

孔剂，得到具有大孔结构的吸油树脂，该树脂对四氯化碳的吸附量为28.28g/g。这两篇报道中使用了刚性较强的苯乙烯作为交联剂，凝胶的吸附性能较传统丙烯酸酯类吸附剂有所提高。但是上述方法的合成工艺复杂，成本高，效率低。2016年，Hayal Bulbul Sonmez课题组以对称三臂结构的异腈脲酸三[3-(三甲基硅氧烷基)丙基]酯(ICS)为交联剂，采用融熔法，与不同分子量的聚四氢呋喃二醇在160℃条件下聚合，合成具有交联结构的凝胶对二氯甲烷、四氢呋喃、丙酮、汽油等多种有机溶剂具有快速吸附的作用。凝胶在有机溶剂中具有优良的稳定性和重复使用性。该研究还发现聚四氢呋喃二醇的碳链越长，所得凝胶的吸附性能越好，重复单元的柔性链为40个碳原子的聚四氢呋喃二醇时，所合成凝胶聚酯对二氯甲烷的吸附量约为18g/g，碳原子数为14个时，吸附量仅为7.5g/g。该方法操作简便，在合成过程中不使用溶剂，避免了二次污染问题。由以上文献可知，多元的醇或酯结构中含有两个或两个以上的活性基团，可与含酯基的交联剂形成具有交联结构的凝胶型聚酯，该类聚酯具有吸附有机溶剂的特性；单体的柔性链长度和交联剂的刚性对凝胶的吸附性能有较大的影响。

本书第1章中所合成的脂肪族聚碳酸酯具有长链柔性结构，端基含有—OH和—OC(CO)OCH_2CH_3，可与多元酯进一步聚合得到分子量更大的聚酯，因此，以PBC作为前驱体，以具有三臂结构的多元酯为交联中心，设计合成具有交联结构的聚碳酸酯是可行的。因为目前并未见到聚碳酸酯类凝胶吸附材料的合成与应用的报道，所以该方案在聚碳酸酯研究领域值得践行。本章，拟进行以下内容的研究：①选择1,3,5-苯三羧酸三甲酯(BTB)作为交联剂，以DEC与BD、PD、HD反应所得的低聚物为伸缩链段，聚合得到交联结构的聚碳酸酯树脂OPBCB、OPPCB、OPHCB；②以线性聚碳酸酯PBC、PPC、PHC为前驱体，以BTB为交联中心，在高温和高真空度的条件下发生交联，合成具有交联结构的聚碳酸酯树脂；③对树脂的溶胀吸附行为进行研究；④探讨单体结构对树脂性能的影响。

3.2 实验部分

3.2.1 主要实验仪器和药品

表3.1中罗列的是本章交联结构的聚碳酸酯树脂的合成以及后处理所用到的主要化学试剂及药品的名称、纯度和药品来源。如果没有特殊说明，实验过程中所使用的药品和试剂均未进行进一步的纯化处理。所涉及的药品和仪器未在该表中说明的，规格型号见第2章的实验部分。

表3.1 主要实验药品和仪器

项　目	含　量	规　格	生产商
1,3,5-苯三羧酸三甲酯	≥99%	AR	Alirich
乙醇钠	≥99.5%	AR	Alirich
四氢呋喃	≥99.5%	AR	天津富辰化学试剂有限公司
甲苯	≥99.5%	AR	天津富辰化学试剂有限公司
苯	≥99.5%	AR	天津富辰化学试剂有限公司
石油醚	≥99.5%	AR	天津富辰化学试剂有限公司
甲醇	≥99.5%	AR	天津富辰化学试剂有限公司

3.2.2 分析与表征方法

本章所涉及的FT-IR、TG、PXRD等表征测试方法与第2章相同，在此不再重复说明。电镜扫描SEM采用Carl Zeiss公司生产的型号为“ΣIGMA”的电镜扫描仪进行测试。固体核磁共振碳谱(^{13}C NMR)使用瑞士布鲁克公司型号为“AVANCE400(SB)”的全数字化核磁共振谱仪进行测定。

3.2.3 线性聚碳酸酯为前驱体合成交联结构聚碳酸酯树脂

交联结构的聚碳酸酯树脂PBC-BTB、PPC-BTB、PHC-BTB是以线性聚碳酸酯PBC、PPC、PHC为前驱体，刚性结构的BTB为交联中心，采用两步酯交换工艺，制备所得的有交联结构的聚碳酸酯树脂，树脂呈半透明凝胶状。PBC、PPC、PHC 的合成方法以及表征分析在第 2 章中已经作了详细的叙述。以 PBC 和 DEC 与 BD 生成的低聚物分别作为前驱体，与 BTB 交联的合成路线如图 3.1 所示。

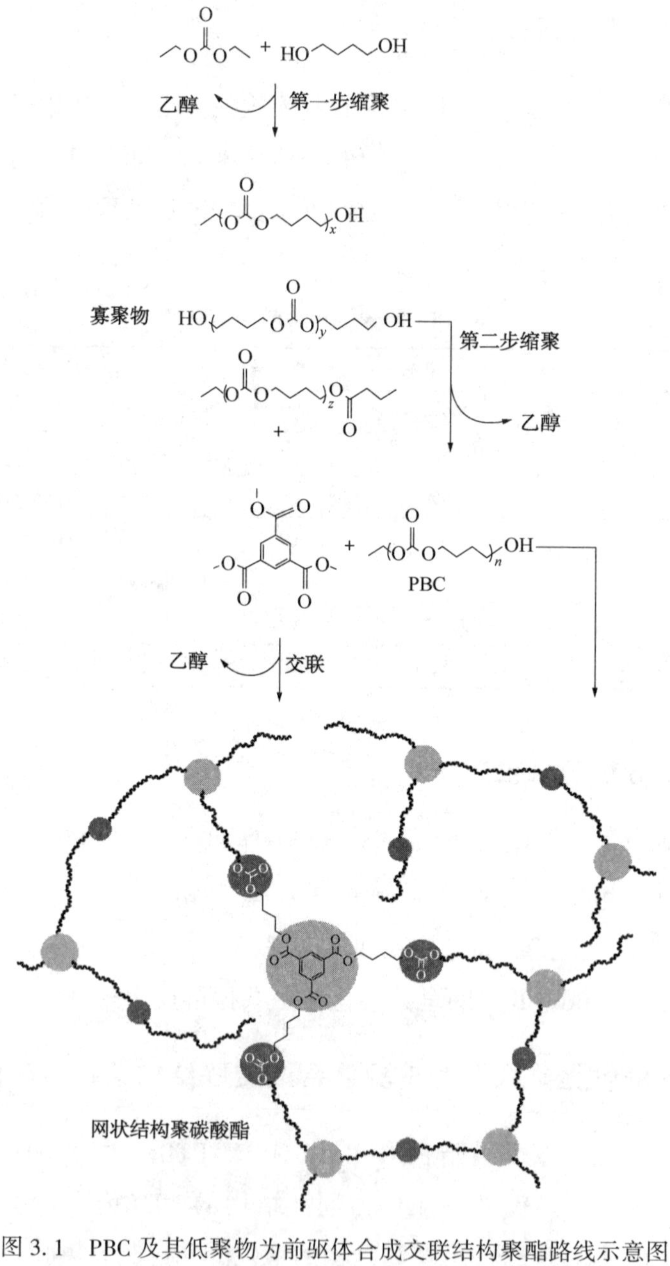

图 3.1　PBC 及其低聚物为前驱体合成交联结构聚酯路线示意图

3.2.3.1 不同催化剂在 PBC-BTB 合成中的应用

BTB 和 PBC 的聚合与第 2 章前驱体聚酯的合成同属于酯交换反应，实验选择不同种类的碱性催化剂 NaAcac、KAcac 和乙醇钠，用于 PBC 和 BTB 聚合反应，得到交联结构的聚碳酸酯树脂 PBC-BTB，考察催化剂对聚酯溶胀性能的影响。原料用量为：PBC 1.0g（M_w = 16000g/mol），BTB 126.1g（0.5mmol）和催化剂（BTB 摩尔含量的 8%）。实验方法、条件、流程将在下文 PBC-BTB 的合成中详述。对不同催化剂合成的交联结构的聚碳酸酯树脂 PBC-BTB 的凝胶含量以及在有机溶剂中的溶胀度进行分析，考察催化剂对树脂溶胀性能的影响。催化剂的合成方法见第 2 章实验部分。

3.2.3.2 聚碳酸酯树脂 PBC-BTB 的合成

实验采用 50mL 支口烧瓶作为反应器，磁力搅拌。准确称量 PBC 1.5g（M_w=16000g/mol），BTB 126.1mg（0.5mmol），乙醇钠 3.0mg（BTB 摩尔含量的 8%），加入反应器中。使用 Schlenk 双排管系统对反应器进行三次抽真空和充 N_2的操作，充分排除其中的空气，对反应器进行密封。将反应器置于 150℃的油浴锅中，均匀搅拌，反应 6h。然后逐渐降低反应器内部压力至 0.01MPa，升高温度至 190℃，在此条件下继续反应的同时，聚合反应脱除的小分子物质以及未完全反应的原料经真空装置与反应体系进行分离。体系变为乳白色、半透明状凝胶后，结束反应。将所得的凝胶状产物用氯仿洗涤后，置于 100℃的干燥箱中烘干 24h，得到交联结构的聚碳酸酯树脂 PBC-BTB，产率为 57.4%。

3.2.3.3 聚碳酸酯树脂 PPC-BTB 的合成

实验用 50mL 支口烧瓶作为反应器，磁力搅拌。准确称量 PPC 2.0g（M_w=10000g/mol），BTB 126.1mg（0.5mmol），乙醇钠 3.0mg（BTB 摩尔含量的 8%），加入反应器中。使用 Schlenk 双排管系统对反应器进行三次抽真空和充 N_2的操作，充分排除其中的空气，密封反应器。将反应器置于 150℃的油浴锅中，均匀搅拌，反应 6h。之后逐渐降低反应器内部压力至 0.01MPa，升高温度至 200℃，在此条件下继续反应的同时，聚合反应脱除的小分子物质以及未完全反应的原料经真空装置与反应体系进行分离。体系变为乳白色、半透明状凝胶后，结束反应。所得的凝胶状产物用氯仿洗涤后，置于100℃的干燥箱中烘干24h，得到交联结构的聚碳酸酯树脂PPC-BTB，产率为54.8%。

3.2.3.4 聚碳酸酯树脂PHC-BTB的合成

实验采用50mL支口烧瓶作为反应器，磁力搅拌。准确称量PHC 1.0g（M_w=6000g/mol），BTB 126.1mg（0.5mmol），乙醇钠5.1mg（BTB摩尔含量的15%），加入反应器中。使用Schlenk双排管系统对反应器进行三次抽真空和充N_2的操作，充分排除其中的空气，对其进行密封。将反应器置于150℃的油浴锅中，均匀搅拌反应6h。然后逐渐降低反应器内部压力至0.01MPa，升高温度至200℃，在此条件下继续反应的同时，聚合反应脱除的小分子物质以及未完全反应的原料经真空装置与反应体系进行分离。体系变为乳白色的半透明状凝胶后，结束反应。所得的凝胶状产物用氯仿洗涤后，置于100℃的干燥箱中烘干24h，得到交联结构的聚碳酸酯树脂PHC-BTB，产率为50.3%。

3.2.4 线性聚碳酸酯低聚物为前驱体合成交联结构聚碳酸酯树脂

聚酯OPBCB、OPPCB、OPHCB是以DEC和BD、PD、HD在常压下反应所得的低聚物为前驱体，与具有刚性结构的1,3,5-苯三羧酸三甲酯（BTB）进行缩聚，并在高温高真空度的条件下发生交联得到交联结构聚酯，聚酯外观形态为透明凝胶状弹性体。OPBCB、OPPCB、OPHCB的合成路线如图3.1所示。

3.2.4.1 聚碳酸酯树脂OPBCB的合成

实验采用50mL支口烧瓶作为反应器，磁力搅拌。准确量取干燥后的BD 0.9mL（10mmol），称取乙醇钠4.0mg（BD摩尔含量的0.6%）加入反应器中。使用Schlenk双排管系统对反应器进行三次抽真空和充N_2的操作，充分排除其中的空气，对反应器进行密封。量取DEC 1.2mL（10mmol），利用注射器加入反应瓶中。将烧瓶置于130℃的油浴锅中，均匀搅拌1.5h。称量1,3,5-苯三羧酸三甲酯63mg(0.25mmol)加入反应烧瓶中，温度升高至150℃，反应6h。然后逐渐降低反应器内部的压力至0.01MPa，升高温度至180℃，在此条件下继续反应的同时，聚合反应脱除的小分子物质以及未完全反应的原料经真空装置与反应体系进行分离。体系变为白色的半透明凝胶状后，结束反应。将所得凝胶状产物用氯仿洗涤后，置于100℃的干燥箱中烘干24h，得到交联结构的聚碳酸酯树脂OPBCB，产率为40.6%。

3.2.4.2 聚碳酸酯树脂OPPCB的合成

实验采用50mL支口烧瓶作为反应器，磁力搅拌。准确量取PD 1.0mL(10mmol)，乙醇钠4.0mg(PD摩尔含量的0.6%)加入反应器中。使用Schlenk双排管系统对反应器进行三次抽真空和充N_2的操作，充分排除其中的空气，对反应器进行密封。量取DEC 1.2mL(10mmol)，利用注射器加入反应器中。将烧瓶置于130℃的油浴锅中，均匀搅拌1.5h。称量1,3,5-苯三羧酸三甲酯126mg(0.5mmol)加入反应器中，温度升高至150℃，反应6h。然后逐渐降低反应器内部的压力至0.01MPa，升高温度至190℃，在此条件下继续反应的同时，聚合反应脱除的小分子物质以及未完全反应的原料经真空装置与反应体系进行分离。体系变为白色的半透明凝胶状后，结束反应。所得的凝胶状产物用氯仿洗涤后，置于100℃的干燥箱中烘干24h，得到交联结构的聚碳酸酯树脂OPPCB，产率为38.5%。

3.2.4.3 聚碳酸酯树脂OPHCB的合成

实验采用50mL支口烧瓶作为反应器，磁力搅拌。准确称量HD 1.2g(10mmol)，乙醇钠4.0mg(HD摩尔含量的0.6%)加入反应器中。使用Schlenk双排管系统对反应器进行三次抽真空和充N_2的操作，充分排除其中的空气，对反应器进行密封。量取DEC 1.2mL(10mmol)，利用注射器加入反应器中。将反应器置于130℃的油浴锅中，均匀搅拌1.5h。称量1,3,5-苯三羧酸三甲酯126mg(0.5mmol)加入反应器中，温度升高至150℃，反应6h。然后逐渐降低反应器内部的压力至0.01MPa，升高温度至190℃，在此条件下继续反应的同时，聚合反应脱除的小分子物质以及未完全反应的原料经真空装置与反应体系进行分离。体系变为白色的半透明凝胶状后，结束反应。所得的产物用氯仿洗涤后，置于100℃的干燥箱中烘干24h，交得到联结构的聚碳酸酯树脂OPHCB，产率为32.6%。

3.2.5 凝胶含量(*GF*)的测定

凝胶含量是对树脂中有效交联程度的衡量参数，也是对交联度大小的直接反映。凝胶型树脂中有部分未能形成凝胶的原料或者中间产物，对有机溶剂或者污染物没有吸附作用，如果对未发生交联的产物或原料未进行分离，吸附效率和溶胀度参数测定的可靠性会受到较大的影响。由于单元供体线性聚碳酸酯在氯仿中溶解性良好，但合成的交联结构聚碳酸酯树脂不溶于氯仿，所以选用氯仿作为溶剂，分离未发生交联反应的物质。准确称量一定质量的树脂，置于氯仿中，每隔12h更换一次溶剂，浸泡72h后，过滤分离出固体聚酯，置于50℃的真空干燥箱中干燥，直至质量恒定不变。凝胶含量*GF*通过式(3.1)计算。

$$GF=\frac{W_g}{W_0}\times 100\% \tag{3.1}$$

式中，W_0为未处理过的聚碳酸酯树脂；W_g为分离了未交联物质后的凝胶质量。

3.2.6 溶胀吸附性能研究方法

3.2.6.1 溶胀度的测定

溶胀度是衡量聚碳酸酯树脂吸附有机溶剂能力大小的重要参数。进行有机溶剂的溶胀度测试的树脂需提前去除未凝胶物质。在树脂的溶胀性能测试中采用不同类别的有机溶剂，测试方法如下：将滤布制作的袋子置于氯仿中，浸润5min后，用滤纸吸净表面的溶剂后使用。称取100mg聚碳酸酯树脂置于布袋中，在室温下将袋子浸入氯仿中12h，吸附达到平衡后，将袋子取出，用滤纸吸净表面的溶剂后，迅速称量其质量，用该质量减去袋子的质量就是吸附溶剂后聚碳酸酯树脂的质量。溶胀度*Q*的计算见式(3.2)。

$$Q=\left(\frac{W_s-W_d}{W_d}\right)\times100\% \tag{3.2}$$

式中，W_s为吸附溶剂后聚碳酸酯树脂的质量；W_d为吸附溶剂前聚碳酸酯树脂的质量。

3.2.6.2　吸附动力学

吸附动力学研究是进一步了解溶胀吸附速率以及吸附过程的重要方法之一。具体的实验方法与溶胀度的测试方法相同。取一定质量的聚碳酸酯树脂，浸入氯仿中，分别在5min、10min、15min、20min、30min、40min、50min、60min时间点测定吸附溶剂后的聚碳酸酯树脂质量，计算出不同时刻溶剂的吸附量和溶胀度，得到动力学曲线。对动力学曲线进一步积分后，可得到吸附速率曲线，直观地反映了聚碳酸酯树脂在该溶剂中的溶胀速率。

溶胀速率的一阶动力学模型方程如式(3.3)所示：

$$\frac{dQ_t}{dt}=k_1(Q_{max}-Q_t) \tag{3.3}$$

将式(3.3)积分后得到式(3.4)：

$$\ln\left(\frac{Q_{max}}{Q_{max}-Q_t}\right)=k_1t \tag{3.4}$$

如果以时间t为横坐标，以$\ln[Q_{max}/(Q_{max}-Q_t)]$为纵坐标所绘制出的曲线为直线，那么吸附过程则符合一阶动力学方程。

溶胀速率的二阶动力学模型方程如式(3.5)所示：

$$\frac{dQ_t}{dt}=k_2(Q_{max}-Q_t)^2 \tag{3.5}$$

将式(3.5)积分后得到式(3.6)：

$$\frac{t}{Q_t}=\frac{1}{k_2Q_{max}^2}+\frac{1}{Q_{max}}t \tag{3.6}$$

可以看出，如果以时间t为横坐标，t/Q_t为纵坐标所绘制出的曲线为直线，那么吸附过程则符合二阶动力学方程。式(3.3)~式(3.6)中Q_t代表t时刻的溶胀度，Q_{max}代表吸附达到平衡以后的溶胀度。

3.2.6.3 解吸动力学

聚碳酸酯树脂吸附有机溶剂或者污染物之后对所吸附物质是否有一定的保持率，能否顺利解吸释放出有机污染物质，在实际应用中非常关键。本书将在氯仿中对所合成聚碳酸酯树脂的解吸动力学进行研究，绘制出解吸动力学曲线。与溶胀度的测定相同，称取100mg树脂置于氯仿中直至吸附饱和，将达到吸附平衡后的树脂置于干燥的培养皿中，在初始时刻至10min时间段，每间隔2min称量一次吸附了有机溶剂的聚碳酸酯树脂的质量，之后每隔5min测定一次质量，直至质量恒定不变。绘制时间-溶剂保持率百分数曲线图，考察吸附氯仿达到平衡后的树脂，在无须外部输入能量的情况下，于常温常压的环境中自动解吸被吸附溶剂的性能。

3.2.7 温度对溶胀吸附性能的影响

吸附过程中，操作温度对吸附性能有显著的影响。一般情况下，低温有利于吸附，高温有利于脱附。本小节将在不同温度下对所合成聚碳酸酯树脂的溶胀度进行测定，探究温度对其吸附性能的影响规律。具体实验方法如下：称取所合成的聚碳酸酯树脂100mg，置于盛有氯仿的样品瓶中，密封。分别将样品瓶置于5℃、15℃、25℃、35℃、45℃、55℃的水浴条件下12h，吸附达到平衡后过滤，称量溶胀后树脂的质量，根据式(3.2)计算树脂的溶胀度，绘制溶胀度随温度变化的关系图。

3.2.8 聚碳酸酯树脂的重复使用性能

污染物吸附处理过程中，吸附剂能否有效地回收再利用，关系到是否会产生二次污染以及生产、治理成本等问题。性能优良的吸附剂，应该具备多次反复使用后，其吸附性能并无明显下降的特点。聚碳酸酯树脂重复使用性能的测试方法与其吸附和解吸的测试方法类似：溶剂依然选用氯仿。称取100mg聚碳酸酯树脂浸入氯仿中12h，吸附达到平衡之后，称量凝胶的质量，然后将吸附溶剂的聚碳酸酯树脂置于室温环境中24h，不需要加热或者提供真空条件下，自然进行解吸，直至质量恒定，然后将使用过的聚碳酸酯树脂第二次置于氯仿中进行下一次循环测试。如此进行吸附-解吸实验 10 个循环，通过对比每一次循环后聚碳酸酯树脂的溶胀度，考察该体系聚碳酸酯树脂在反复多次使用之后吸附性能的变化。

3.2.9 聚碳酸酯树脂的稳定性

在实际应用中，吸油树脂在溶剂中的稳定性能尤为重要，性能良好的吸油树脂，能在溶剂中长时间稳定存在而不发生溶解现象，并保持其溶胀性能不受影响。本章所合成交联结构聚碳酸酯树脂的稳定性测试周期为 30d。将一定量的聚碳酸酯树脂置于氯仿中，分别放置 1d、5d、15d、20d、25d、30d 后，分别测定树脂的溶胀度，并进行比较，考察该体系树脂在溶剂中是否能够长时间稳定存在。

3.2.10 聚碳酸酯树脂对低浓度双酚 A 的吸附性能测试方法

双酚 A(BPA)是一种有害的激素类环境污染物，广泛存在于工业排放水体、饮用水以及地下水中，对环境和人类的健康构成威胁。如何分离残余在水体中的 BPA 是一项极其有意义的研究。BPA 分子结构中含有—OH，本章所合成的聚碳酸酯树脂结构中含有—OH 和—OC(O)O—，所以 BPA 和聚碳酸酯树脂分子间可能形成氢键而发生氢键吸附以达到分离 BPA 的目的。首先，准确配制 0.01mmol/L 的 BPA 水溶液，将该浓度的 BPA 溶液稀释为不同浓度的 BPA 标准溶液，分别进行紫外扫描，绘制浓度-吸光度标准曲线。分别称取一定量的吸附剂置于 10mL、0.01mol/L 的 BPA 中持续搅拌，进行 BPA 的吸附实验，吸附时间分别为 0.5h、1h、2h、3h、4h、5h、6h，吸附结束后过滤，收集滤液进行紫外光谱扫描。通过标准曲线即可得知 BPA 在水中的残余浓度。

3.3 结果与讨论

3.3.1 催化剂对聚碳酸酯树脂溶胀度的影响

实验证明，在 PBC-BTB 的合成中不使用催化剂时，原料之间不发生反应。本书使用乙醇钠、NaAcac、KAcac 作为催化剂合成交联结构的聚碳酸酯树脂 PBC-BTB，测定聚碳酸酯树脂的溶胀度，确定不同催化剂对聚碳酸酯树脂溶胀吸附性能的影响，合成方法见本章实验部分。所得聚碳酸酯树脂经过氯仿洗涤，去除未交联产物后，测定吸附动力学曲线，如图 3.2 所示。

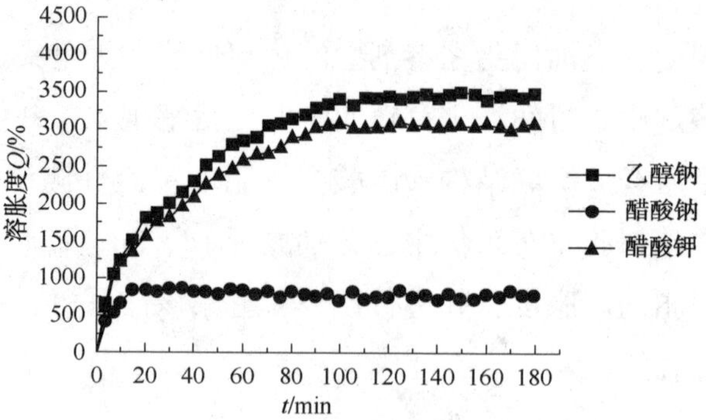

图 3.2　催化剂对 PBC-BTB 溶胀度 Q 的影响

在相同条件下，乙醇钠作为催化剂所合成的聚碳酸酯树脂 PBC-BTB，对氯仿的吸附效果最好，溶胀度为 3656%，其次是 KAcac，NaAcac 催化合成的聚碳酸酯树脂吸附性能相对较差。0.1mol/L 的乙醇钠、KAcac、NaAcac 的 pH 分别为 12.34、11.14、11.00，测试数据列于表 3.2。虽然交联反应机理复杂，影响因素多，目前仍处于研究阶段，但是本次实验数据从一定程度上说明碱性较强的催化剂对该反应具有更好的催化效果。所以在后续聚碳酸酯树脂的合成中选用乙醇钠作为催化剂。

表 3.2　催化剂对 PBC-BTB 溶胀度 Q 的影响

样品	PBC/g	BTB/mmol	催化剂	催化剂的 pH	GF/%	Q/%
PBC-BTB	1.0	0.5	乙醇钠	12.34	77.2	3635
PBC-BTB	1.0	0.5	KAcac	11.14	70.1	3219
PBC-BTB	1.0	0.5	NaAcac	11.00	86.4	894

附注：溶胀度测试溶剂为氯仿；PBC 的 M_w 为 16800；测试温度为 25℃。

3.3.2　前驱体 PBC 的分子量对 PBC-BTB 溶胀度的影响

选择不同分子量的线性聚碳酸酯 PBC 为前驱体，BTB 作为交联中心，得到交联结构的聚碳酸酯树脂 PBC-BTB，对所得聚碳酸酯树脂的溶胀度进行研究，分析前驱体分子量对聚碳酸酯树脂溶胀度的影响。实验数据列于表 3.3。由表中数据可知，随着 PBC M_w的增加，所得聚碳酸酯的溶胀度先增加后减小，M_w增至 16000g/mol 时，PBC-BTB 的溶胀度达到最大，为 4368%，当 M_w增至 18000g/mol 时，溶胀度开始下降，M_w为 25000g/mol 时，溶胀度大幅减小为 1359%。说明合适的前驱体 PBC 的分子量和链长对聚碳酸酯 PBC-BTB 的溶胀度影响显著，PBC 的分子量过低，柔性链较短，所得聚酯的交联密度较大，导致溶胀度降低；但是 PBC 分子量过大，碳链过长，交联点位距离增加，而且过度弯曲折叠的柔性长链在交联点位之间形成位阻，阻碍交联反应的发生，所得聚酯的交联度过低，网络结构松散，溶胀性能下降。

表 3.3　不同分子量的 PBC 所合成聚碳酸酯 PBC-BTB 的溶胀度 *Q*

样品：PBC-BTB-M_w	PBC/g	BTB/mmol	溶胀度 Q/%
PBC-BTB-2700	1g	0.5	1728
PBC-BTB-4800	1g	0.5	2468
PBC-BTB-16000	1g	0.5	4368
PBC-BTB-18000	1g	0.5	3030
PBC-BTB-25000	1g	0.5	1359

附注：溶胀度测试溶剂为氯仿；测试温度为室温。

3.3.3　凝胶含量的测定

聚碳酸酯树脂 PBC-BTB、PPC-BTB、PHC-BTB、OPBCB、OPPCB、OPHCB 呈凝胶形态，凝胶含量按照实验部分所述的方法，去除树脂中的无效组分后测定。不同树脂的凝胶含量见表 3.4 和表 3.5 的第 4 列 *GF* 部分。表中的数据可以反映出以下信息：原料用量不同，树脂凝胶含量的高低也不同。OPBCB 体系中 DEC∶BD∶BTB 为 10∶10∶0.25 时，凝胶含量为 72%，当交联剂用量增加，原料摩尔比增加至 10∶10∶1，凝胶含量为 94%。OPHCB 只有在单体比例为 10∶10∶1 的比例下，才能形成交联结构。在线性聚碳酸酯为前驱体的体系中，交联剂所占百分比越大，所得聚碳酸酯树脂的凝胶含量越高。其中，1g 的 PBC 与 0.5mmol BTB 聚合所得的树脂 PBC-BTB 的凝胶含量最高，为 77.2%。

可以看出随着前驱体重复单元碳链的增长，所得聚碳酸酯树脂的投料可操作范围变小，交联反应进行的难度增大。这可能是因为碳链越长，端基活性变小，导致交联反应越不易发生。在同类聚碳酸酯树脂中，交联剂用量越大，所得树脂的凝胶含量越高，但溶胀度降低。

3.3.4 聚碳酸酯树脂的溶胀行为研究

3.3.4.1 原料比对树脂溶胀度的影响

原料比和交联剂的用量与交联度和交联结构伸缩性能有较大关系，从而影响聚碳酸酯树脂的溶胀吸附性。交联剂用量过大，交联点位增加，交联密度增大，柔性链段在吸附溶剂后伸缩空间减小，导致溶胀度减小。反之过小的交联剂用量，导致交联点位过少，可能无法形成交联结构。所以合适的原料比对于交联结构聚碳酸酯树脂的形成和溶胀度的大小非常关键。不同摩尔比合成的聚碳酸酯树脂 PBC-BTB、PPC-BTB、PHC-BTB、OPBCB、OPPCB、OPHCB 的溶胀度如表 3.3 和表 3.4 中 Q 所示。

表 3.4 低聚物作前驱体的聚碳酸酯树脂凝胶含量和溶胀度 Q 列表

样品	原料	原料摩尔比/mol	GF/%	Q/%
OPBCB-1	DEC：BD：BTB	10：10：0.25	72	3099
OPBCB-2	DEC：BD：BTB	10：10：0.5	88	1259
OPBCB-3	DEC：BD：BTB	10：10：1	91.1	910
OPBCB-4	DEC：BD：BTB	10：10：1.5	94.3	564
OPBCB-5	DEC：BD：BTB	10：15：1	94.5	584
OPPCB-1	DEC：PD：BTB	10：10：0.25	68.3	1873
OPPCB-2	DEC：PD：BTB	10：10：0.5	85	1867
OPPCB-3	DEC：PD：BTB	10：10：1	92.8	918
OPPCB-4	DEC：PD：BTB	15：10：1	96.2	856
OPHCB-1	DEC：HD：BTB	10：10：1	64.2	1358

附注：溶胀度测试溶剂为氯仿，测试温度为 25℃。

表 3.5　线性聚碳酸酯作前驱体体系聚碳酸酯树脂凝胶含量和溶胀度 Q 列表

样品	PBC(PPC/PHC)/g	BTB/mmol	GF/%	Q/%
PBC-BTB-1	2	0.5	54.0	4407
PBC-BTB-2	1.5	0.5	55.1	5361
PBC-BTB-3	1	0.5	77.2	3635
PPC-BTB-1	2	0.5	36.6	6933
PPC-BTB-2	1.5	0.5	49.9	5222
PPC-BTB-3	1	0.5	85.2	3589
PPC-BTB-4	1	1	88.8	1036
PHC-BTB-1	1	0.5	87.1	2187
PHC-BTB-2	1	1	87.7	960

附注：溶胀度测试溶剂为氯仿；PBC 的 M_w 为 16800g/mol，PPC 的 M_w 为 101000g/mol，PHC 的 M_w 为 6600g/mol；测试温度为 25℃。

从表 3.4 和表 3.5 可以看出：原料比不同，聚碳酸酯树脂的溶胀度也不同。对于 OPBCB、OPPCB、OPHCB 体系，当原料摩尔比 DEC : BD : BTB 分别为 10 : 10 : 0.25、10 : 10 : 0.25、10 : 10 : 1 时，所得树脂的溶胀度最高。对于 PBC-BTB、PPC-BTB、PHC-BTB 体系，BTB 的用量不同，溶胀度也有显著不同。PBC-BTB 系列树脂中，1.5g PBC 和 0.5mmol BTB 缩聚得到的 PBC-BTB 溶胀度较高，PPC-BTB 与 PHC-BTB 系列中，原料用量分别为 2g PPC 和 0.5mmol BTB 与 1g PHC 和 0.5mmol BTB 时，所得树脂的溶胀度最高。超出或者小于表 3.4 中所列的用量范围，均不能得到交联结构聚碳酸酯树脂。

对于以线性聚碳酸酯为前驱体的体系中，PPC-BTB 的吸附性能最优，溶胀度达到 6933%。低聚物合成路线中 OPBCB 的吸附性能最好，溶胀度为 3099%，随着碳链的增长，溶胀吸附性能下降。Lijun Fan 合成的经过改性的丙烯酸酯类凝胶在同类文献中吸附性能相对较高，对氯仿的最大溶胀度为 5190%，Yang Du 以丙烯酸酯和苯乙烯共聚所得聚酯对 CCl_4 的吸附性能最佳，吸附量为 2828%。对比文献可知本书所合成的凝胶聚碳酸酯树脂吸附性能优于文献报道。

3.3.4.2　聚碳酸酯树脂对不同溶剂的溶胀性能

基于 BTB 的交联结构聚碳酸酯树脂 PBC-BTB、PPC-BTB、PHC-BTB、

OPBCB、OPPCB、OPHCB 对多种有机溶剂具有良好的吸附性能。实验选取氯仿、二氯甲烷、四氢呋喃、甲苯、苯、甲醇、乙醇、水作为吸附剂，选取各个体系中对氯仿吸附性能最好的树脂作为吸附剂，按照实验部分所述的溶胀度测试方法，进行溶胀吸附性能测试。实验结果列于表 3.6。可以看出，不同聚碳酸酯树脂对不同溶剂表现出的溶胀吸附性能不同，在所有测试溶剂中都能够稳定存在。体系中，PPC-BTB 的溶胀吸附性能最好，对氯仿的溶胀度为 6933%，其次是 PBC-BTB，溶胀度为 5361%，OPHCB 的吸附性能最低，对氯仿的溶胀度为 1358%。以线性聚碳酸酯为前驱体体系聚碳酸酯树脂 PBC-BTB、PPC-BTB、PHC-BTB 的溶胀吸附性能，优于对应的以低聚物为前驱体的聚碳酸酯树脂 OPBCB、OPPCB、OPHCB。这是因为 PBC/PPC/PHC 的碳链较长，交联点位之间的距离相对较大，交联后其柔性链段的弹性和伸缩空间大，容纳溶剂的有效体积大，溶胀度高。在 PBC/PPC/PHC-BTB 体系中，PHC-BTB 的吸附性能最差，溶胀度为 2187%，这是因为 PHC 的分子量最低，柔性链伸缩性降低，所以树脂的吸附性能相对较差。

表 3.6　聚碳酸酯树脂在不同溶剂中的溶胀度 *Q*

溶剂 \ *Q*/% \ 样品	PBC-BTB	PPC-BTB	PHC-BTB	OPBCB	OPPCB	OPHCB
蒸馏水	10	13	17	16	38	21
甲醇	17	136	33	18	9	20
乙醇	48	20	18	44	14	39
氯仿	5361	6933	2187	3099	1873	1358
二氯甲烷	2004	5155	1494	1797	1324	1194
四氢呋喃	801	2076	644	658	488	381
甲苯	159	220	748	195	350	402
苯	1086	1912	599	651	447	497

附注：样品分别为表 3.5 和表 3.4 中的 PBC-BTB-2、PPC-BTB-1、PHC-BTB-1、OPBCB-1、OPPCB-1、OPHCB-1；测试温度为 25℃。

实验数据表明，基于 PPC-BTB 对二氯甲烷、四氢呋喃、苯、甲苯等有机溶剂具有良好的吸附性，分别为 6933%、5155%、2076%、1912%、220%。

对水、乙醇、甲醇的吸附性能差，只有 10%~50%，具有较高的选择吸附性。所以该类聚碳酸酯树脂可用于氯仿、二氯甲烷、四氢呋喃、苯、甲苯等有机溶剂的分离。

BTB 体系的聚碳酸酯树脂是具有一定交联度的高聚物，在有机溶剂中的溶胀度与溶剂和聚碳酸酯树脂本身的溶度参数有关，当树脂的溶度参数与溶剂的溶度参数接近时，溶胀性能最好。所以，树脂在哪种溶剂中的溶胀度最高，可以将该溶剂的溶度参数近似为该树脂的溶度参数。常见的有机溶剂中，本体系聚碳酸酯树脂对氯仿的吸附性能最好，氯仿的溶度参数为 $9.3(cal/cm^3)^{1/2}$，那么推测 BTB 体系聚碳酸酯树脂的溶度参数为 9.3。二氯甲烷、四氢呋喃、苯和甲苯的溶度参数分别为 9.7、9.5、9.2 和 8.9，水、乙醇的溶度参数为 23.4 和 12.9，可以看出，聚碳酸酯树脂对溶度参数近似为 9.3 的溶剂吸附性能较好，水和乙醇等溶度参数远远大于 9.3，所以聚酯对二者的吸附性能差。

3.3.4.3 吸附和解吸动力学

吸附动力学研究是污染物吸附应用中的一个重要指导参数。本章所合成的聚碳酸酯树脂对氯仿的吸附效果最好，所以，吸附动力学实验选用氯仿作为溶剂，在 25℃条件下，测定不同时间树脂对有机溶剂的吸附量，以及达到饱和吸附量时所需要的时间。吸附动力学曲线如图 3.3 所示。由图可以看出，不同聚碳酸酯树脂在 10~80min 达到最大吸附量。

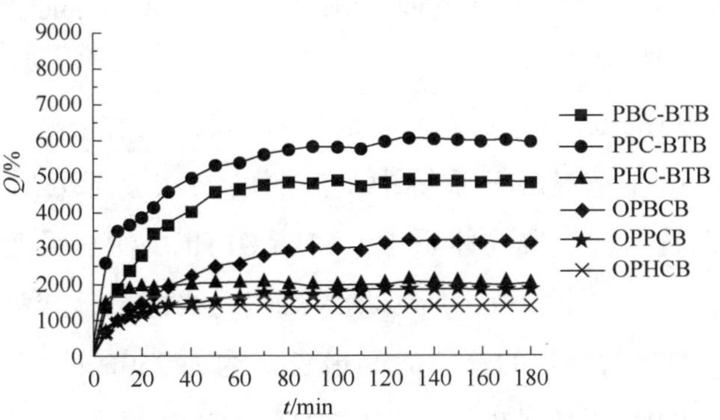

图 3.3 基于 BTB 的树脂在氯仿中的吸附动力学曲线

动力学参数经过进一步处理后发现 t/Q_t 与 t 之间为线性关系，符合二阶动力学模型方程（3.6），以时间 t 为横坐标，t/Q_t 为纵坐标绘制曲线见图 3.4，根据该图所计算出的动力学模型参数列于表 3.7 中。拟合优度 R 值大于 0.99，通过模型计算所得最大吸附量与实验数值接近。

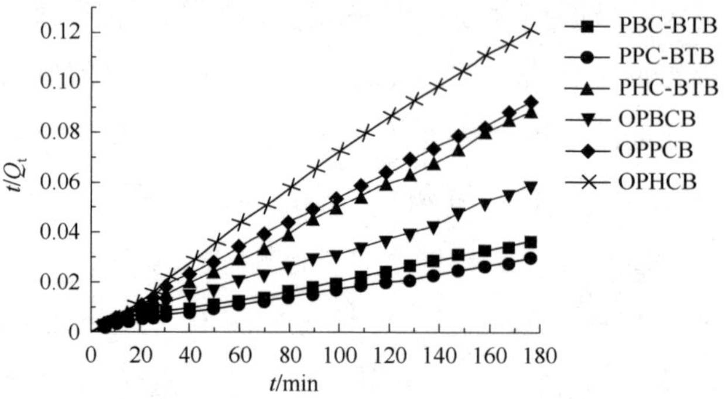

图 3.4　PBC（PPC/PHC）-BTB 和 OPB（P/H）CB 的 t-t/Q_t 曲线

表 3.7　PBC（PPC/PHC）-BTB 和 OPB（P/H）DB 的动力学模型参数

吸收剂	K_2	Q_{max}/%（理论值）	Q_{max}/%（实验值）	R
PBC-BTB	1.68×10^{-5}	5253	4902	0.9972
PPC-BTB	1.74×10^{-5}	6338	6087	0.9989
PHC-BTB	2.25×10^{-3}	2010	2080	0.9997
OPBCB	3.10×10^{-5}	3414	3236	0.9980
OPPCB	1.28×10^{-4}	1903	1866	0.9993
OPHCB	2.01×10^{-3}	1387	1420	0.9997

附注：样品分别为表 3.5 和表 3.4 中的 PBC-BTB-2、PPC-BTB-1、PHC-BTB-1、OPBCB-1、OPPCB-1、OPHCB-1；测试温度为 25℃。

吸附氯仿之后的聚碳酸酯树脂自然解吸曲线，也就是对氯仿的保持率如图 3.5 所示。测试在室温敞开系统中，按照前文实验部分所述解吸方法进行。从图中可以看出，低聚物体系中，树脂 OPHCB 的解吸速率最快，解吸时间 80min 后，可以完全释放出所吸收的氯仿。线性聚碳酸酯体系中，聚碳酸酯树脂 PPC-BTB 对溶剂的释放时间最长，约为 250min。溶胀度越高，吸附量越大，所需的解吸时间越长。实验说明 BTB 体系聚碳酸酯树脂对所吸附的有机溶剂具有良好的保持率，有利于溶剂的集中回收。

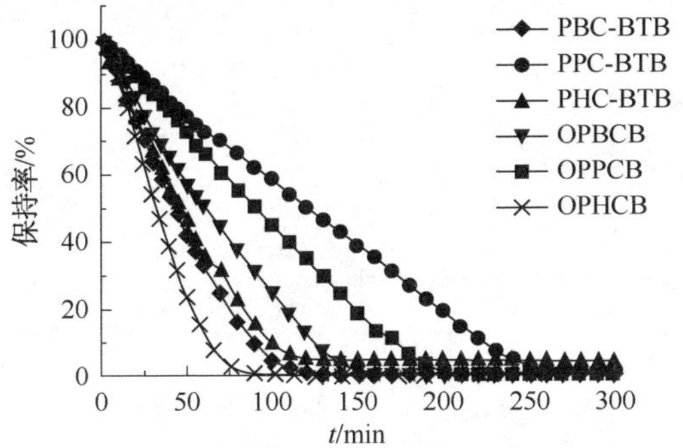

图 3.5 PBC(PPC/PHC)-BTB and OPB(P/H)DB 对氯仿的保持率曲线

将吸附有机溶剂(氯仿、二氯甲烷、四氢呋喃、苯、甲苯等)后的聚碳酸酯树脂，置于无水乙醇中发现，溶胀的树脂迅速塌缩，快速释放出所吸附的溶剂。这是因为该类树脂对乙醇几乎没有吸附性，对吸附质-乙醇体系具有高的选择性，吸附质在乙醇中又具有良好的溶解性，所以，当吸附有机溶剂后的聚碳酸酯树脂置于乙醇中时，被吸附的有机溶剂由于与乙醇之间较强的分子间作用力，从树脂中快速解吸。吸附前后的形态见图 3.6。从图 3.6 中可以看出，聚碳酸酯树脂在吸附氯仿后体积膨胀，在乙醇中解吸 1min 后迅速塌缩，几乎缩小为吸附前树脂的体积，这一性质有利于被吸附有机溶剂的回收。

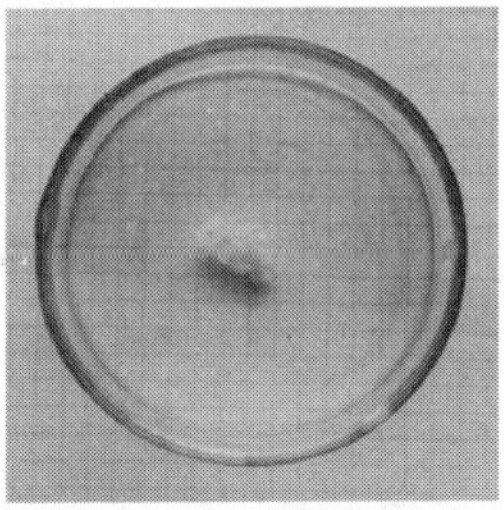

(a)吸附前的干 PBC-BTB

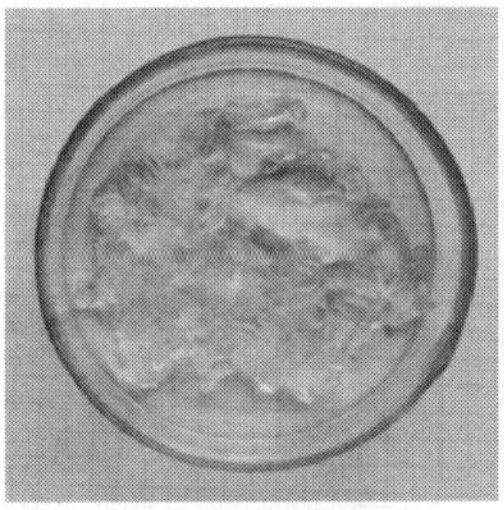

(b)吸附氯仿的 PBC-BTB

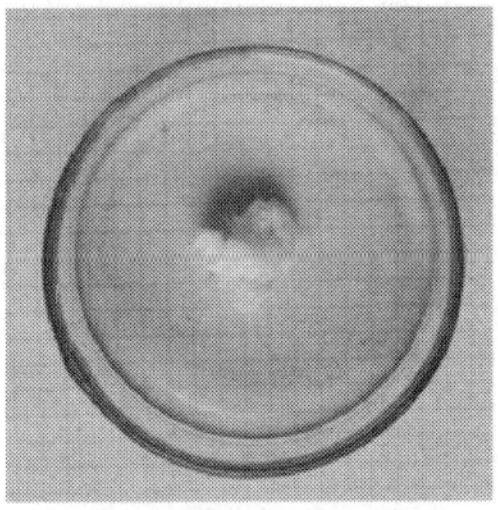

(c)在乙醇中塌缩后的 PBC-BTB

图 3.6 PBC-BTB 吸附溶剂前后的形态

3.3.4.4 温度对聚碳酸酯树脂溶胀吸附性能的影响

吸附时的操作温度对聚碳酸酯树脂的溶胀度有较大的影响。各个体系的聚碳酸酯树脂在不同温度下对氯仿的溶胀度列于表 3.8，以 PBC-BTB 为代表样品，在不同温度下的吸附趋势见图 3.7。由图表可以看出，温度越低，树脂的吸附性能越好，5℃时，PPC-BTB 对氯仿的溶胀度高达 7882%，温度升高至 55℃时，溶胀度下降为 5112%。所以，在分离污染物时，应尽量在较低的操作温度下进行。

表 3.8　不同温度条件下树脂在氯仿中的溶胀度 *Q*

样品 Q/% \ T/℃	5	15	25	35	45	55
PBC-BTB	6034	5981	5361	4762	4430	4079
PPC-BTB	7882	7501	7233	6313	5651	5112
PHC-BTB	2531	2208	1915	1601	1338	1022
OPBCB	4377	3585	3099	2831	2576	2397
OPPCB	2369	2012	1873	1705	1631	1568
OPHCB	1677	1563	1358	1266	1189	1121

附注：样品分别为表 3.5 和表 3.4 中的 PBC-BTB-2、PPC-BTB-1、PHC-BTB-1、OPBCB-1、OPPCB-1、OPHCB-1；测试温度为 25℃。

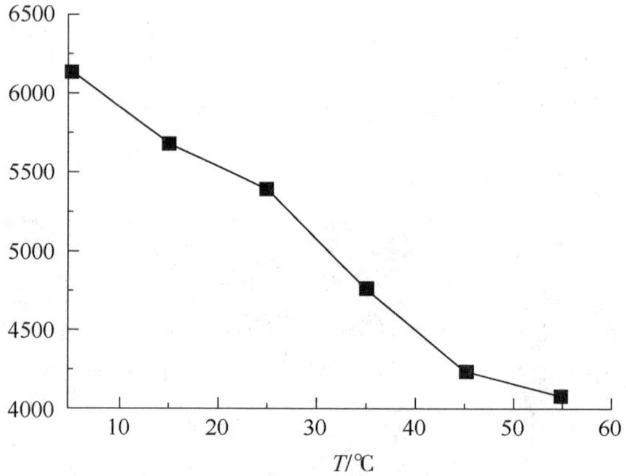

图 3.7　不同温度下 PBC-BTB 在氯仿中的溶胀度

3.3.5　聚碳酸酯树脂的重复使用性能

树脂重复使用性能的研究按照实验部分所述方法进行测试。以 PBC-BTB 为代表样品，在室温条件下重复使用 10 次后的溶胀度变化见图 3.8，体系中其余聚碳酸酯树脂重复使用 10 次后的溶胀度列于表 3.9 中。图表中的数据说明聚碳酸酯树脂 PBC-BTB、PPC-BTB、PHC-BTB、OPBCB、OPPCB 和 OPHCB 在有机溶剂吸附中具有良好的反复利用性。使用 10 次后，溶胀度几乎没有下降的趋势。

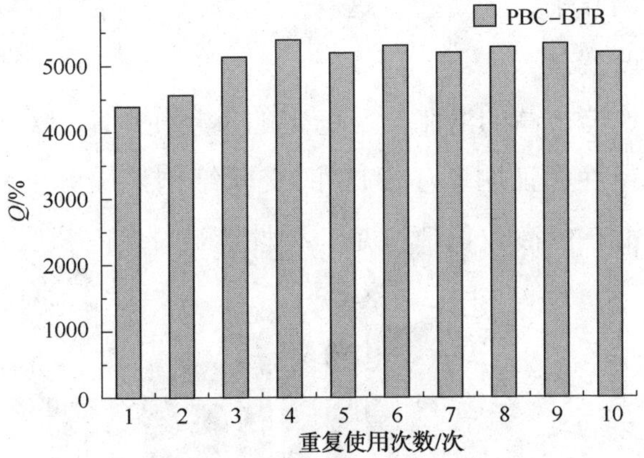

图 3.8　重复使用 10 次的 PBC-BTB 对氯仿的溶胀度

表 3.9　吸附剂吸附氯仿的重复使用性

样品 \ 重复使用次数	1	2	3	4	5	6	7	8	9	10
OPBCB	2580	3090	3121	2977	3097	3101	3117	3086	3093	3123
OPPCB	1836	1866	1891	1871	1884	1877	1881	1883	1870	1879
OPHCB	1332	1358	1355	1321	1337	1362	1359	1350	1363	1366
PBC-BTB	5368	5551	5351	5269	5106	5313	5298	5177	5245	5101
PPC-BTB	6857	7003	7116	7201	7114	6958	7012	7225	7313	7168
PHC-BTB	1901	1919	2133	1987	2187	2111	1930	1996	2031	2126

附注：样品分别为表 3.5 和表 3.4 中的 PBC-BTB-2、PPC-BTB-1、PHC-BTB-1、OPBCB-1、OPPCB-1、OPHCB-1；测试温度为 25℃。

3.3.6　聚碳酸酯树脂的稳定性

性能良好的吸油树脂，稳定性能是其应用中一个非常重要的因素。稳定性测试的实验方法如前文实验部分 3.2.9 所述。图 3.9 展示了 BTB 体系聚碳酸酯树脂在氯仿中浸泡 30d 的稳定性能。实验表明，聚碳酸酯树脂 PBC-BTB、PPC-BTB、PHC-BTB、OPBCB、OPPCB、OPHCB 均表现出出色的稳定性能。在氯仿中浸泡 1～30d 后，对聚碳酸酯树脂的结构和溶胀性能几乎没有影响，树脂只有非常小的质量损失，这可能是由于未交联产物去除不完全所致。图 3.14 为样品 PBC-BTB 稳定性测试前后样品的红外谱图，可以看出二者的红外光谱几乎完全重叠，这一点也可以说明使用前后聚碳酸酯树脂的结构没有发生改变。

良好的稳定性能、高的溶胀度、稳定的重复使用率、对吸附质的良好保持度以及高的选择性都证明基于 BTB 的交联结构聚碳酸酯树脂在有机溶剂的处理方面存在潜在的商业价值，是一种性能良好的有机吸油材料。

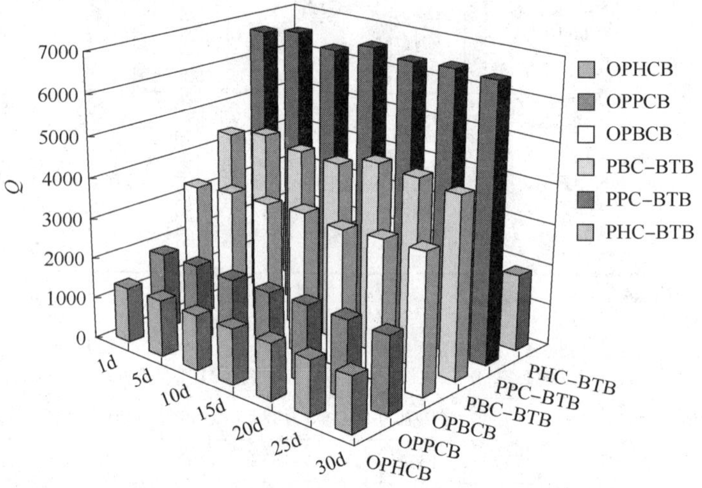

图 3.9　BTB 体系聚碳酸酯树脂在氯仿中 30d 的稳定性能

3.3.7　对低浓度 BPA 的吸附性能研究

BTB 体系聚碳酸酯树脂结构中有羟基、碳酸酯基，可以与 BPA 分子中的羟基形成氢键，该体系聚碳酸酯树脂作为吸附剂对低浓度 BPA 的吸附性能值得期待。对 BPA 的吸附性能测试以及标准曲线的绘制均按照实验部分所述方法进行。标准曲线方程为 $Y=0.2717X+0.0003$，Y 代表 BPA 的摩尔浓度，X 代表 BPA 的吸光度。通过紫外光谱扫描可知 PBC/PPC/PHC-BTB 体系树脂对 BPA 的吸附性较低聚物体系差，35mg PPC-BTB 对 10mL 0.1mmol/LBPA 进行 6h 吸附的效率为 69%，OPBCB/OPPCB/OPHCB 体系对 BPA 的吸附性能更佳，本节将主要针对OPBCB/OPPCB/OPHCB体系树脂对BPA的吸附性能进行研究，吸附效率列于表3.10，紫外光谱如图3.10~图3.12所示。

表3.10　聚碳酸酯树脂对BPA的吸附效率

样品	质量/mg	吸附时间/min	吸光度	吸附效率/%
OPBCB	35	360	0.102	72.0
OPPCB	35	360	0.103	71.7
OPHCB	35	15	0.209	42.9
OPHCB	35	30	0.211	42.4
OPHCB	35	60	0.165	54.9
OPHCB	35	120	0.123	66.3
OPHCB	35	180	0.109	70.1
OPHCB	35	240	0.106	70.9
OPHCB	35	300	0.104	71.4
OPHCB	35	360	0.080	78.0
OPHCB	15	360	0.168	54.1
OPHCB	25	360	0.109	70.1
OPHCB	45	360	0.079	78.2
OPHCB	55	360	0.076	79.1
OPHCB	65	360	0.070	80.7
OPHCB	75	360	0.055	86.4

附注：样品分别为表3.4中OPBCB-1、OPPCB-1、OPHCB-1。

图3.10表明，35mg聚碳酸酯树脂OPBCB/OPPCB/OPHCB吸附10mL、0.1mmol/L的BPA 6h后，BPA残余浓度大大降低，OPHCB的吸附效率为78%，当吸附剂用量增大到75mg时，吸附效率为86.4%，BPA的残余浓度为0.015mmol/L，说明该类聚碳酸酯树脂对BPA具有良好的吸附性。树脂对BPA的吸附机理有可能是分子结构中的羰基与BPA分子结构中的—OH形成氢键的原因。线性聚碳酸酯体系PBC(PPC/PHC)-BTB的柔性碳链较长，重叠扭曲较OPHCB体系的更为严重，所以BPA与聚碳酸酯树脂PBC(PPC/PHC)-BTB分子之间形成氢键进入树脂内部的位阻过大，吸附效果变差。

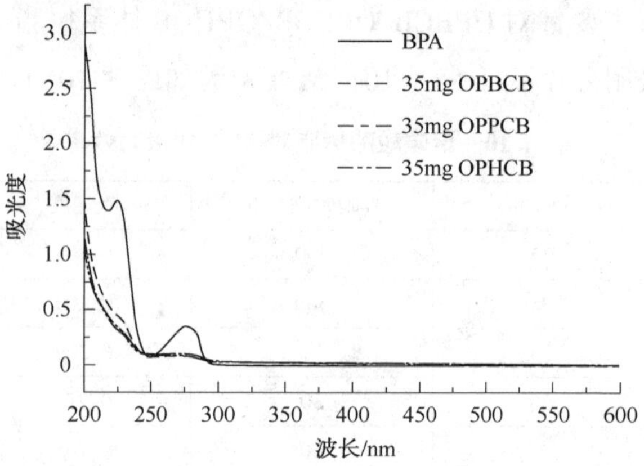

图 3.10　OPBCB/OPPCB/OPHCB 吸附 BPA 的紫外光谱图，吸附时间 6h

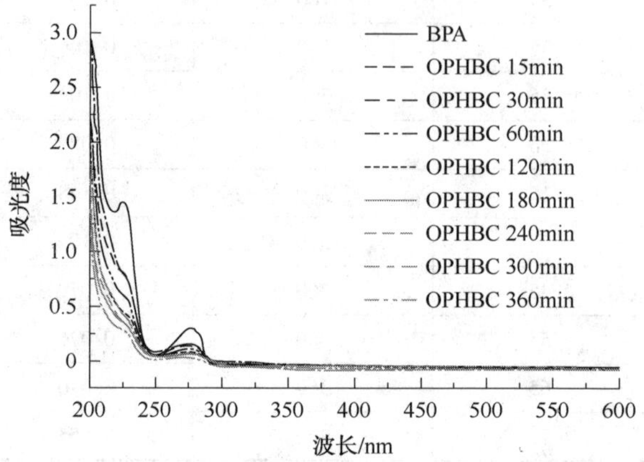

图 3.11　OPHCB 在不同吸附时间内对 BPA 的吸附紫外光谱图

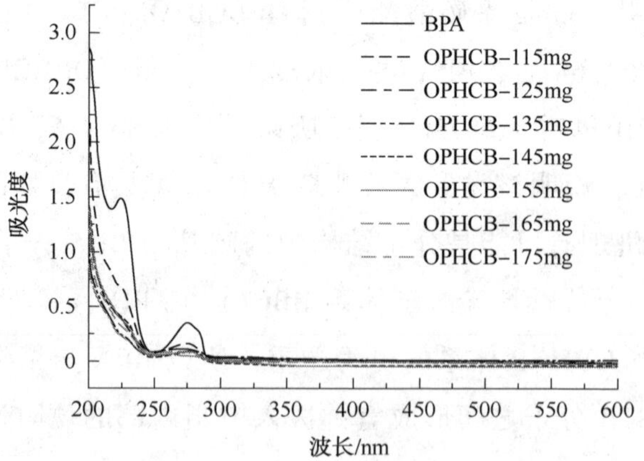

图 3.12　不同质量的 OPHCB 吸附 BPA 6h 的紫外光谱图

3.3.8 聚碳酸酯树脂的表征与分析

3.3.8.1 聚碳酸酯树脂的 FT-IR 分析

按照上文中聚碳酸酯树脂的合成方法，利用三臂结构的 BTB 作为交联剂，分别与线性聚碳酸酯 PBC、PPC、PHC 或对应的低聚物进行缩聚，制备了具有交联结构的凝胶型聚碳酸酯树脂 PBC-BTB、PPC-BTB、PHC-BTB、OPBCB、OPPCB、OPHCB。所合成的六种树脂均不溶于实验室常见的有机溶剂，但却对氯仿、二氯甲烷、四氢呋喃、甲苯等溶剂具有良好的吸附性能，在上述溶剂中发生溶胀现象。在这种情况下，红外光谱扫描中是否存在特征官能团的特征峰对树脂结构的说明就显得尤为重要。聚碳酸酯树脂的红外光谱如图 3.13 和图 3.14 所示，数据如下：

（1）PBC(PPC\PHC)-BTB 和使用后回收的 PBC-BTB 红外数据

PBC-BTB FT-IR(KBr, cm^{-1})：ν = 2958(w)，1738(s)，1464(w)，1406(w)，1324(w)，1240(s)，1024(w)，926(w)，905(w)，795(w)，743(w)。

PPC-BTB FT-IR(KBr, cm^{-1})：ν = 2960(w)，2859(w)，1732(s)，1472(w)，1400(w)，1237(s)，1064(w)，1011(w)，949(w)，874(w)，785(w)，743(w)。

PHC-BTB FT-IR(KBr, cm^{-1})：ν = 2936(w)，2868(w)，1729(s)，1471(w)，1405(w)，1242(s)，1107(w)，1066(w)，959(w)，793(w)，742(w)。

PBC-BTB 回收样品 FT-IR(KBr, cm^{-1})：ν = 2968(w)，2869(w)，1731(s)，1457(w)，407(w)，1241(s)，1160(w)，1030(w)，968(w)，931(w)，907(w)，794(w)，742(w)，716(w)。

（2）OPBCB、OPPCB、OPHCB 的红外数据

OPBCB FT-IR(KBr, cm^{-1})：ν = 2958(w)，1733(s)，1458(w)，1401(w)，1326(w)，1229(s)，1105(w)，1026(w)，920(w)，905(w)，789(w)，740(w)，717(w)。

OPPCB FT-IR(KBr, cm^{-1}): ν = 2958(w), 2876(w), 1737(s), 1475(w), 1405(w), 1246(s), 1156(w), 1106(w), 1053(w), 1011(w), 955(w), 881(w), 791(w), 746(w), 721(w)。

OPHCB FT-IR(KBr, cm^{-1}): ν = 2942(w), 2859(w), 1730(s), 1463(s), 1398(w), 1232(s), 1148(w), 1099(w), 1057(w), 958(w), 791(w), 734(w)。

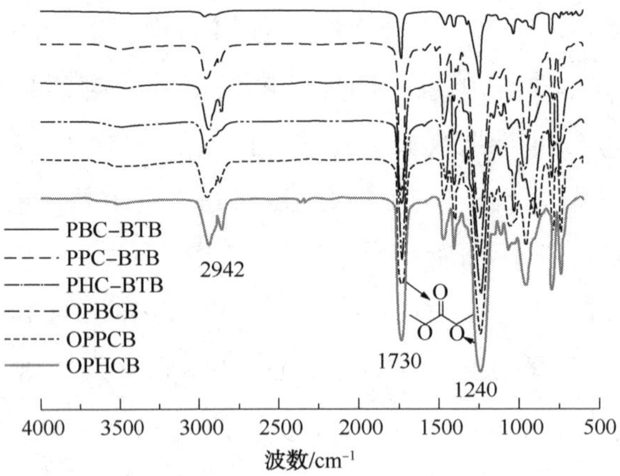

图 3.13　树脂 PBC(PPC/PHC)-BTB 和 OPB(P/H)CB 的红外谱图

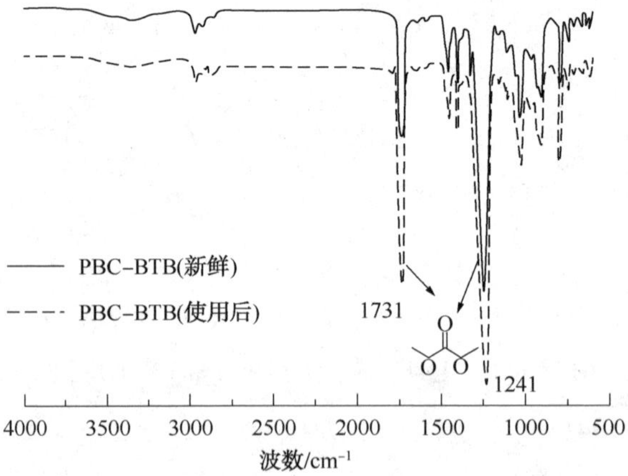

图 3.14　重复使用前后 PBC-BTB 的红外光谱图

从红外扫描中可以看出，聚碳酸酯树脂 PBC-BTB、PPC-BTB、PHC-BTB 以及 OPBCB、OPPCB、OPHCB 体系具有类似的红外光谱图。以 PBC-

BTB 为例，在 1738cm^{-1}和 1240cm^{-1}处出现的强峰，应该分别是—OC(O)O—的伸缩振动和变形振动产生的特征峰，2958cm^{-1}处的峰可能是由于—CH_3的伸缩振动而引起的；在 1464cm^{-1}和 1024cm^{-1}处的峰可能是羟基—OH 所引起的，926~795cm^{-1}处的峰可能是苯环的骨架振动所致，743cm^{-1}出现的峰可能是由于—CH_2的面内摇摆振动所引起，可以用来判断长链—CH_2的存在，结合羰基峰和苯环的骨架振动峰以及凝胶的物理性质可以说明，脂肪族聚碳酸酯与 BTB 交联形成具有交联结构的聚碳酸酯树脂是完全可行的。

3.3.8.2 聚碳酸酯树脂的固体核磁共振碳谱(^{13}C NMR)分析

由于 BTB 体系的聚碳酸酯树脂不溶于有机溶剂，本书选用聚碳酸酯树脂 OPPCB 为代表样品，进行固体^{13}C NMR 的测定，谱图如图 3.15 所示，测试数据如下：固体^{13}C NMR(100.6MHz)：δ(ppm)164.2，156.1，131.5，67.5，62.7，33.2，29.2，23.0。

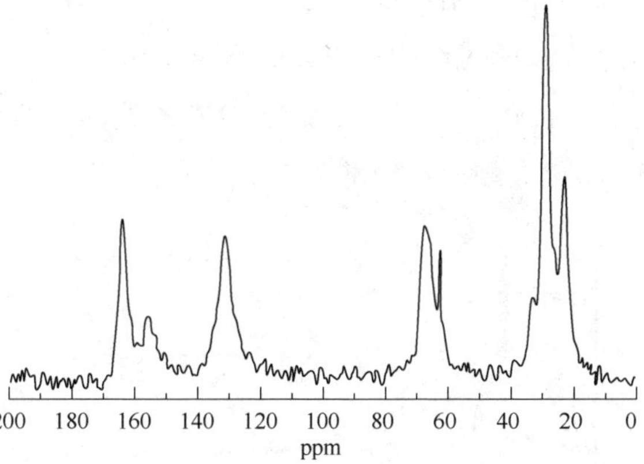

图 3.15 OPPCB 的^{13}C NMR 谱图

化学位移 164.2 处的峰代表柔性链上羰基碳—O*C*(O)O—，156.1 处的峰为与苯环相连的羰基—*C*(O)O—所引起的，131.5 化学位移处的峰为苯环碳的响应，67.5~62.7 处的峰可能是由—CH_2O—、端基 CH_3O—和—CH_2OH 所引起的，33.2~23.0 处应为—CH_2—、CH_3—中碳的峰。由固体核磁碳谱分析可知，聚碳酸酯树脂 OPPCB 是 BTB 与聚碳酸脂低聚物(PD 和 DEC 反应所得)缩聚的产物。

3.3.8.3 聚碳酸酯树脂的粉末衍射分析

以下对聚碳酸酯树脂 PBC-BTB、PPC-BTB、PHC-BTB、OPBCB、OPPCB、OPHCB 进行 PXRD 测试，并与聚酯 PBC、PPC、PHC 的测试结果进行了对比。

（1）PBC-BTB、PPC-BTB、PHC-BTB 的 PXRD 表征

PBC-BTB、PPC-BTB、PHC-BTB 的 PXRD 谱图如图 3.16 所示。可以看出三种聚碳酸酯树脂在 2θ 角为 20°~24°出现两处较尖的峰。PBC-BTB 在 2θ 角为 16.9°，21.2°，21.8°和 24.5°处出现特征峰，PPC-BTB 在 2θ 角为 15.1°，20.9°，21.7°，22.98°和 25.2°处出现特征峰，PHC-BTB 的特征峰出现在 2θ 角为 14.9°，20.2°和 23.8°处。聚酯 PBC 在 2θ 角为 16.7°，21.2°，21.7°和 24.5°处出现较尖的峰，PPC 的特征峰出现在 2θ 角为 15.1°，20.9°，21.7°，22.9°和 24.5°处，PHC 在 2θ 角为 15.0°，20.2°和 23.9°处出现特征峰，交联结构的聚碳酸酯树脂与各自的前驱体 PBC、PPC、PHC 粉末衍射特征峰的 2θ 角基本一致，说明作为前驱体的直链聚碳酸酯具有半晶体型结构，与 BTB 缩聚并发生交联后，有序的链状结构未被破坏，所以 BTB 体系的交联结构聚碳酸酯树脂仍表现出一定的晶态。

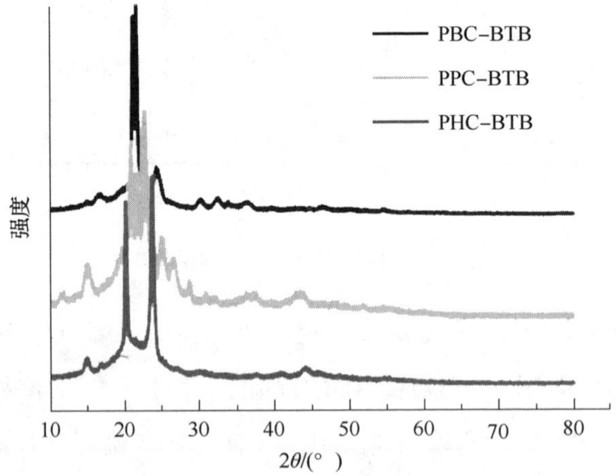

图 3.16 PBC-BTB、PPC-BTB、PHC-BTB 的 PXRD 谱图

（2）OPBCB、OPPCB、OPHCB 的 PXRD 表征

以 DEC 和二醇反应所得的低聚物为前驱体，与 BTB 聚合所得聚碳酸酯树

脂的 PXRD 谱图如图 3.17 所示。从谱图可以看出：OPBCB 在 2θ 角为 16.7°，21.2°，21.8°和 24.5°处出现特征峰，与 PBC-BTB 和 PBC 的角度一致，而 OPPCB 和 OPHCB 分别在 2θ 角为 13.3°～31.6°的范围内出现一个较宽的峰，与 PPC-BTB、PHC-BTB 相比尖峰宽化。这是因为 BD 与 DEC 的反应较为容易，所生成的低聚物聚合度较 PD、HD 的高，所以柔性链有序排列的特性在与 BTB 聚合之后依然存在，DEC 与 PD、HD 所得的低聚物碳链过短，进一步交联后，聚酯分子中柔性链的有序结构比例降低，所以衍射峰出现了宽化的现象。

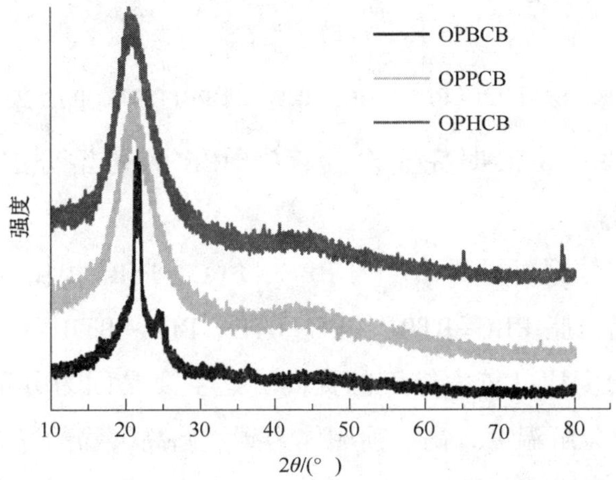

图 3.17　OPBCB、OPPCB、OPHCB 的 PXRD 谱图

3.3.8.4　聚碳酸酯树脂的热重分析

聚碳酸酯树脂 PBC-BTB、PPC-BTB、PHC-BTB、OPBCB、OPPCB、OPHCB 的热稳定性能通过热重测试进行分析。热重曲线如图 3.18 所示。所有的树脂在 240℃以内均表现出出色的热稳定性。

（1）PBC-BTB、PPC-BTB、PHC-BTB 的热重分析

PBC-BTB 的初始分解温度为 228℃，441℃时完全分解；PPC-BTB 的初始分解温度为 251℃，484℃时完全分解；PHC-BTB 的初始分解温度为 265℃，500℃时完全分解。

（2）OPBCB、OPPCB、OPHCB 的热重分析

OPBCB 的初始分解温度为 228℃，462℃时完全分解；OPPCB 的初始分

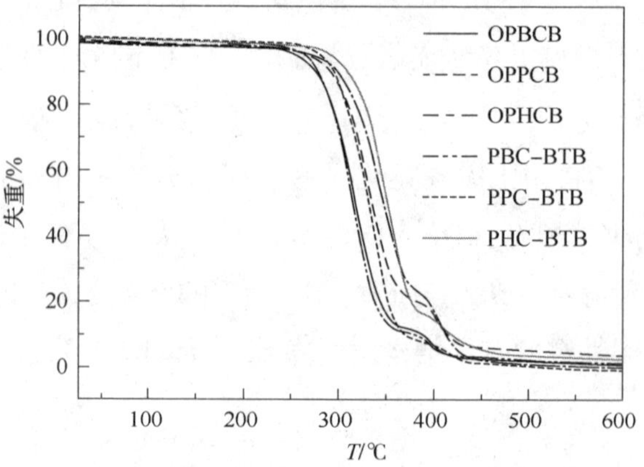

图 3.18 树脂 PBC(PPC/PHC)-BTB 和 OPB(P/H)DB 的热重曲线

解温度为 236℃，487℃时完全分解；OPHCB 的初始分解温度为 240℃，499℃时完全分解。

由热重分析数据可以看出，与 PBC、PPC、PHC 相比，与 BTB 聚合后的六类聚碳酸酯树脂 PBC-BTB、PPC-BTB、PHC-BTB、OPBCB、OPPCB、OPHCB，分解温度均有较大幅度的提高，这主要是因为分子中含有结构稳定的苯环，所以分解温度升高。前驱体为碳酸脂高聚物的体系中，聚碳酸酯树脂 PHC-BTB 的初始分解温度比 PBC-BTB 的高约 37℃，比 PPC-BTB 高约 14℃。前驱体为低聚物的体系中，OPHCB 的分解温度与 OPBCB 相比高出约 12℃，比 OPPCB 高出 4℃。所以，在同一体系中随着线性聚碳酸酯重复单元中碳原子个数的增加，分解温度升高。同样，两个体系中二醇为 HD 的聚碳酸酯树脂 PHC-BTB 和 OPHCB，完全分解温度高于体系中其他聚碳酸酯树脂，所以，前驱体重复单元中碳链的长度越长，所得聚碳酸酯树脂的热稳定性越好。B. Wu 缩合成的含有刚性苯乙烯的聚酯，初始分解温度约为 200℃，Lijun Fan 合成的高吸附性能丙烯酸类聚酯的初始分解温度也在 200℃左右，说明本书所合成的凝胶型聚碳酸酯树脂与文献相比具有更优良的热稳定性能。

3.3.8.5 聚碳酸酯树脂的形貌特征

通过扫描电镜 SEM 对聚碳酸酯树脂的具体形貌进行观测，电镜图如图

3.19 所示，可以看出所合成的聚碳酸酯树脂在放大 5 万倍的条件下观察不到孔的存在，有可能是由于线性碳链重叠堆积所致。结合实验中对 PBC-BTB 进行 N_2 吸附测试也未发现孔隙的存在这一现象，所以基于 BTB 的交联型聚碳酸酯树脂对有机溶剂的吸附性可能并不是依靠孔隙吸附，而是分子间作用力和柔性链的伸缩作用。

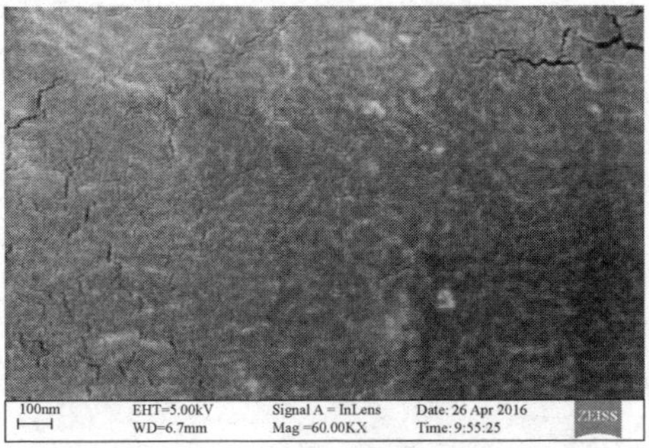

PBC-BTB

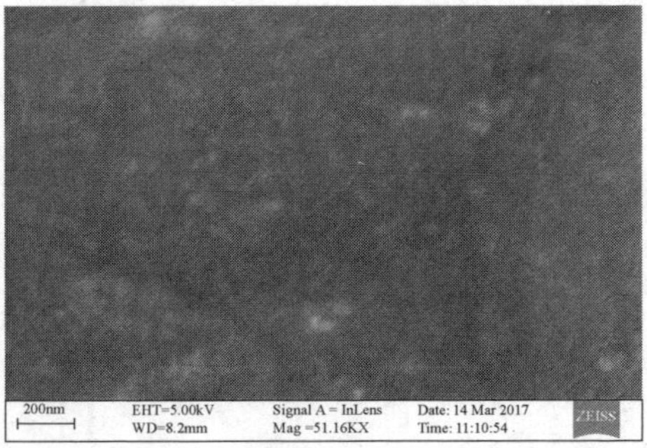

PPC-BTB

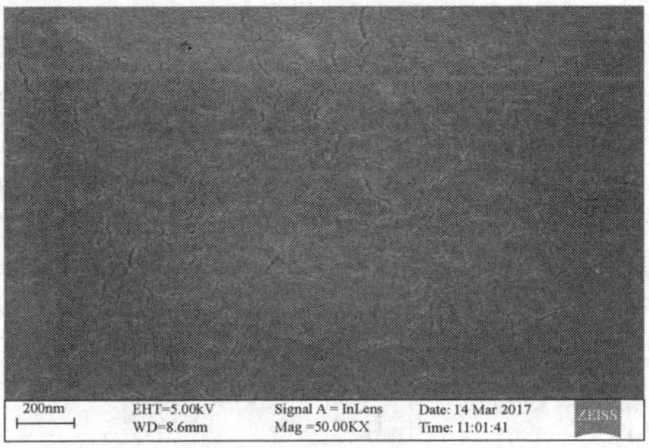

PHC-BTB

图 3.19　PBC-BTB、PPC-BTB、PHC-BTB 的 SEM 照片

3.3.9　可能的溶胀吸附机理

吸油树脂发生溶胀的机理复杂。1943 年，Flory-Rehner 通过建立一种基于自由连接链的模型，第一次提出了溶胀的理论，此后在 FR 理论的基础上，不断有新的理论模型提出。目前 FR 溶胀理论依然被普遍用于解释溶胀现象。FR 假设交联结构凝胶分子链在吸附溶剂之前是自由的，体系中任意组分的晶格不可压缩。在理想状态假设的基础上，溶胀现象可以从能量的角

度来解释。交联结构凝胶中的自由链在吸附溶剂之后，由于和溶剂分子之间的相互作用力而受到限制，导致熵增加，吉布斯自由能减少。在吸附过程中凝胶内外的化学势不等，外部高于内部，溶剂从化学势高的一端转移进入化学势低的一端。还可以理解为凝胶内外部渗透压的压差推动溶剂不断进入吸附剂，当吸附达到平衡时，内外部的化学势相等，渗透压差为零，可用式(3.7)和式(3.8)来表达。

$$\mu_s^{in}=\mu_s^{out} \tag{3.7}$$

$$\prod=-\frac{\mu_s^{in}-\mu_s^{out}}{v_s}=0 \tag{3.8}$$

渗透压与 Helmholtz 自由能 ΔF 之间存在如下关系：

$$\prod=-\frac{N_A}{v_s}\frac{\partial \Delta F}{\partial N_s} \tag{3.9}$$

其中 v_s 为溶剂的摩尔体积，N_A 为 Avogadro 常数，N_s 为溶剂的分子量。当达到溶胀吸附平衡时，$\Delta F=0$。在理想假设下，体系的体积在吸附过程中保持不变，那么自由能就可只考虑吉布斯自由能的部分，按照 FR 理论，自由能的变化 ΔF 分别由三部分组成：溶剂的自由能、凝胶的自由能以及二者混合后的自由能。达到平衡时三者之和为零。

FR 理论从能量的角度对溶胀进行了模拟分析。从分子结构的角度，许多学者提出了氢键吸附理论，该理论目前并不成熟，尚未形成完善的理论体系，但是，因为氢键吸附理论能够从某种角度解释复杂的溶胀机理，从而在该领域研究中引起关注。根据氢键理论，若吸附剂和被吸附溶剂之间一方为氢键给体，一方为受体，则溶剂和吸附剂就有可能形成氢键而发生溶胀现象。以 BTB 体系聚碳酸酯树脂吸附氯仿为例，氯仿中的氢原子作为氢键供体可以与聚碳酸酯树脂中的羰基、羟基形成氢键，电负性强的氯原子可与聚碳酸酯树脂中的碳氢键之间形成氢键，聚碳酸酯树脂与氯仿之间多种氢键的存在可能是溶胀吸附现象发生的主要原因。

本章合成的聚碳酸酯树脂在 N_2 吸附表征时显示无孔结构存在，SEM 表征聚碳酸酯树脂为无孔结构，但是却能在 40min 达到对氯仿 6933% 的溶胀度，溶剂完全自然脱附时间为 250min，吸附速率快、吸附效率高以及对溶剂良好的保持率都难以只用 FR 理论或者氢键理论单独做出解释，如果将二者结合起来则可以解释该问题。聚碳酸酯树脂与溶剂接触初期首先形成氢键，一部分溶剂进入树脂分子中，体系的平衡被打破，从而形成一定的化学势差和压力差，溶胀行为在此推动力的作用下自发进行，树脂柔性链伸展，容纳空间增大，直至达到平衡。被吸附的溶剂与聚碳酸酯树脂中的氢键受体继续以氢键结合，使得溶剂能够在凝胶体系中相对稳定地存在。图 3.20 为 PBC-BTB 吸附 BPA（双酚 A）的模型示意图。

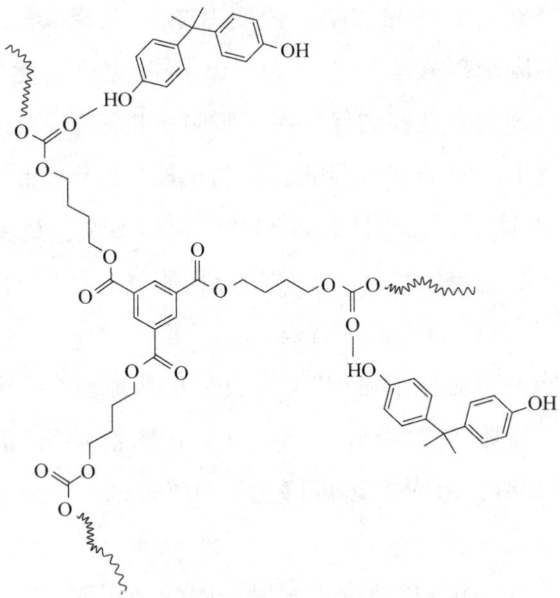

图 3.20　PBC-BTB 吸附 BPA 的模型示意图

3.4　本章小结

（1）利用线性聚碳酸酯 PBC、PPC、PHC 为前驱体，三臂刚性结构 BTB 为交联中心，采用两步酯交换法合成了新型的交联结构聚碳酸酯树脂 PBC-BTB、PPC-BTB、PHC-BTB。利用 DEC 和二元醇 BD、PD、HD 的低聚物与 BTB 进行缩聚，合成了交联结构的聚碳酸酯树脂 OPBCB、OPPCB、OPHCB。

反应采用无溶剂的熔融法，在碱性催化剂和高温减压的条件下进行，所得树脂不溶于多种有机溶剂。通过红外谱图和固体核磁碳谱对树脂的结构进行了表征，电镜显示为无孔结构。

（2）交联结构聚碳酸酯树脂 PBC-BTB、PPC-BTB、PHC-BTB、OPBCB、OPPCB、OPHCB 在氯仿、二氯甲烷、四氢呋喃、甲苯、苯等有机溶剂中发生自溶胀现象。室温下，PPC-BTB 对氯仿的溶胀度最高，为 6933%，即 1g 吸附剂可吸附近 70g 氯仿，优于文献报道的多数凝胶的溶胀度；对二氯甲烷的溶胀度为 5155%，四氢呋喃为 2076%，苯为 1912%，甲苯为 220%。对水和乙醇的溶胀度分别为 13%和 20%，说明 BTB 体系聚碳酸酯树脂具有较高的吸附选择性。不同聚碳酸酯树脂在 80～250min 完全自然解吸所吸附的溶剂，对所吸附的溶剂具有良好的保持率；吸附有机溶剂后的树脂在乙醇中能够迅速塌缩，释放出吸附的有机溶剂，有利于被吸附溶剂的收集。聚碳酸酯树脂在反复使用 10 次后，其吸附性能和结构保持不变，重复使用性能良好。在溶剂中浸泡 30d 后稳定性良好。聚碳酸酯树脂具有稳定的热性能，初始分解温度大于 200℃，适用温度范围宽。

（3）聚碳酸酯树脂对低浓度 BPA 有良好的吸附性能。聚碳酸酯树脂中 OPHCB 对 BPA 的吸附性能最好。75mg OPHCB 聚碳酸酯树脂吸附 10mL 0.1mmol/L BPA 6h 后，BPA 的浓度降为 0.015mmol/L，除去了低浓度 BPA 水溶液中大于 86%的 BPA。

（4）结合氢键吸附和 FR 溶胀理论对聚碳酸酯树脂可能的溶胀机理做出了合理的解释。首先聚碳酸酯树脂中的羰基或羟基与溶剂之间形成氢键，体系原有的平衡被打破，在聚碳酸酯树脂内外形成一定的化学势差和压差，并以此为推动力，发生溶胀。

参 考 文 献

[1] Benjwal P., Sharma R., Kar K. K.. Effects of Surface Microstructure and Chemical State of Featherfiber-derived Multidoped Carbon Fibers on the Adsorption of Organic Water Pollutants [J]. Materials and Design, 2016, 110: 762-774.

[2] Jia N., Chena H., Yua M., et al. Technol Synthesis of High Oil-absorption Resins of Poly (methyl methacrylate-butyl methacrylate) by Suspended Emulsion Polymerization[J]. Polymers Advanced Technologies, 2011, 22: 1898-1904.

[3] Yoo S. Y., Wan Daud W. M. A., Lee M. G.. Preparation of a Biodegradable Oil Absorber and its Biodegradation[J]. Bioprocess and Biosystems Engineering, 2012, 35: 283-288.

[4] Atta A. M., El-Ghazawy R. A. M., Farag R. K., et al. Crosslinked Reactive Macromonomers Based on Polyisobutylene and Octadecyl Acrylate Copolymers as Crude Oil Sorbers[J]. Reactive and Functional Polymers, 2006, 66: 931-943.

[5] Shan G. R., Xu P. Y., Weng Z. X., et al. Oil-Absorption Function of Physical Crosslinking in the High-Oil-Absorption Resins[J]. Journal of Applied Polymer Science, 2003, 90: 3945-3950.

[6] Fan L., Chen H., Hao Z., et al. Synthesis of Crosslinked Poly(butyl methacrylate-co-pentaerythritol triacrylate) Gel by Single Electron Transfer-Living Radical Polymerization and Its Oil-Absorbing Properties[J]. Polymer Chemistry, 2012, 50: 4871-4878.

[7] Zhang A., Chen M., Du C., et al. Poly(dimethylsiloxane) Oil Absorbent with a Three-Dimensionally Interconnected Porous Structure and Swellable Skeleton[J]. Applied Materials and Interfaces, 2013, 5: 10201-10206.

[8] Sala L. A. G., Villanueva K. M. A., Chua M. T., et al. Novel Glycerol Crosslinked Poly (methyl methacrylate) Synthesized by Chemo-enzymatic Method for Controlled Release Application[J]. Materials Science and Engineering C, 2012, 32: 2205-2211.

[9] Du Y., Fang P., Chen J., et al. Synthesis of Reusable Macroporous St/BMA Copolymer Resin and its Absorbency to Organic Solvent and Oil[J]. Polymer Advanced Technologies. 2016, 27: 393-403.

[10] Duan Y., Bian F., Huang H.. A Novel Composite Microsphere as a Highly Efficient Absorbent for Oils and Organic Solvents[J]. Polymers Advanced Technologies, 2016, 27: 1494-1500.

[11] Duan Y., Bian F., Huang H.. Facile Fabrication of Porous Oil-Absorbent Microspheres with High Oil Absorbency and Fast Oil Absorption Speed[J]. Polymers advanced technologies[J], 2016, 27: 228-234.

[12] Zheng W., Pengyu L., Wang Y.. Preparation and Oil-Absorbting Properties of Poly(Lauryl Methacrylate)[J]. Polymer Materials Science and Engineering, 2013, V29(2): 5-8.

[13] Gisi S. D., Lofrano G., Grassi M., et al. Characteristics and Adsorption Capacities of Low-

cost Sorbents for Wastewater Treatment: A review [J]. Sustainable Materials and Technologies, 2016, 9: 10-40.

[14] Wu B., Zhou M. H.. Recycling of Waste Tyre Rubber into Oil Absorbent[J]. Waste Management, 2009, 29: 355-359.

[15] Du Y., Fang P., Chen J., et al. Synthesis of Reusable Macroporous St/BMA Copolymer Resin and its absorbency to Organic Solvent and Oil[J]. Polymers for Advanced Technologies, 2016, 27: 393-403.

[16] Yati I., Aydin G. O., Sonmez H. B.. Cross-linked Poly(tetrahydrofuran) as Promising Sorbent for Organic Solvent/oil Spill[J]. Journal of Hazardous Materials, 2016, 309: 210-218.

[17] Zhou M. H., Cho W.. Synthesis and Properties of High Oil-Absorbent 4-tertButylstyrene-EPDM-Divinylbenzene Graft Terpolymer[J]. Journal of Applied Polymer Science, 2002, 85: 2119-2129.

[18] Zhang J., Zheng C. R., Yang Y. F.. A Determination of the Solubility Parameter of High Degree of Polyvinyl Chloride [J]. Polymer Materials Science and Engineering, 1994, 5: 50-54.

[19] Quesada-Perez M., Maroto-Centeno J. A., Forcada J., et al. Gel swelling Theories: the Classical Formalism and Recent Approaches[J]. Soft Matter, 2011, 7: 10536-10547.

[20] LI J., Sun J., Shi Z.. Hydrogen Binding Adsorption and its Prospect[J]. Ion Exchange And Adsorption, 2001, V17(6): 561-566.

4

基于1,3,5-苯三甲醇的交联结构聚碳酸酯树脂的合成及其吸附性能研究

4.1 引言

线性聚碳酸酯PBC、PPC、PHC的端基中含有羟基和酯基，在第3章中与1,3,5-苯三羧酸三甲酯(BTB)进行聚合，成功合成了具有优良溶胀性能的交联结构凝胶型聚碳酸酯树脂，室温下对三氯甲烷的溶胀度达到6933%，对低浓度(0.01mmol/L)有机污染物双酚A的吸附效率达到86%。理论上如果将交联剂BTB的酯基用-OH替代，可以与PBC、PPC、PHC聚合得到高分子量的聚碳酸酯树脂。在前文研究的基础上，本章拟用1,3,5-苯三甲醇(BTM)作为交联中心，PBC、PPC、PHC为伸展链，设计合成具有交联结构的新型聚碳酸酯。2016年，Yusuke Satoh以BTM和烷基缩水甘油醚开环聚合得到星状聚合物，BTM三个臂上的羟基均发生烷基化反应。Hui Zhang使用含有多羟基的纤维素和十八烷基三羟基硅聚合，合成的凝胶聚酯对氯仿的溶胀度为4300%。Tannaz Ebrahimi利用BTM和丁内酯聚合得到可降解的聚碳酸酯，数均分子量在$10^3 \sim 10^5$。Mitchell R. 以BTM、hexa(hydroxymethyl)benzene(HHMB)等多羟基醇为核心，与丙交酯开环聚合得到星形结构聚酯，数均分子量为4000~8000。文献中使用的多羟基化合物的结构式如图4.1所

示。由以上文献可以看出，多羟基化合物与酯或者醇发生聚合，实现链增长，得到高分子聚酯的方案是可行的。

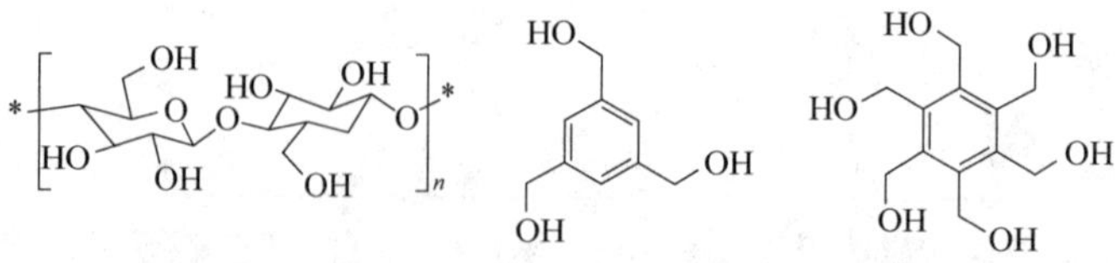

图 4.1 文献中的多羟基化合物结构式

与刚性较强的多元醇发生聚合所使用的单体，如果刚性过大，无法形成交联结构树脂；或者在与单体反应之后没有新的活性基团生成，链增长反应不能持续进行，同样无法形成交联结构。本书使用的线性聚碳酸酯 PBC、PPC、PHC 中，含有两端酯基的分子结构，一端可与 BTM 分子的羟基结合，一端可与另一分子的 BTM 继续反应，且 PBC、PPC、PHC 均为线性聚碳酸酯，柔性大，易发生交联形成凝胶类聚碳酸酯树脂。所以结合文献和前期工作，本章拟以三臂结构的 BTM 为刚性单体，以线性聚碳酸酯 PBC、PPC、PHC 为前驱体，制备成具有交联结构的新型聚碳酸酯树脂，赋予聚碳酸酯树脂新的特性，对树脂在有机溶剂中的溶胀行为进行研究。

4.2 实验部分

4.2.1 主要实验仪器和药品

药品 1,3,5-苯三甲醇，分析纯，纯度≥99%，购自 Aldrich。所涉及的其他药品和仪器的规格型号见第 2 章和第 3 章的实验部分。如果没有特殊说明，实验过程中所使用的药品和试剂均未进行进一步的纯化处理。

4.2.2 分析与表征方法

本章所涉及的 FT-IR、TG、PXRD、SEM、固体 ^{13}C NMR 等表征测试仪器和方法与第 2 章所述相同，在此不再重复说明。

4.2.3 线性聚碳酸酯低聚物为前驱体合成聚碳酸酯树脂

聚碳酸酯树脂 OPBCM、OPPCM、OPHCM 的合成，分别以 DEC 和 BD、PD 和 HD 在常压下反应所得的低聚物为前驱体，与 BTM 进行缩聚，并在高温高真空度的条件下发生交联，得到具有交联结构的聚碳酸酯树脂，树脂呈透明凝胶状，以 OPBCM 的合成为例，其合成路线如图 4.2 所示。

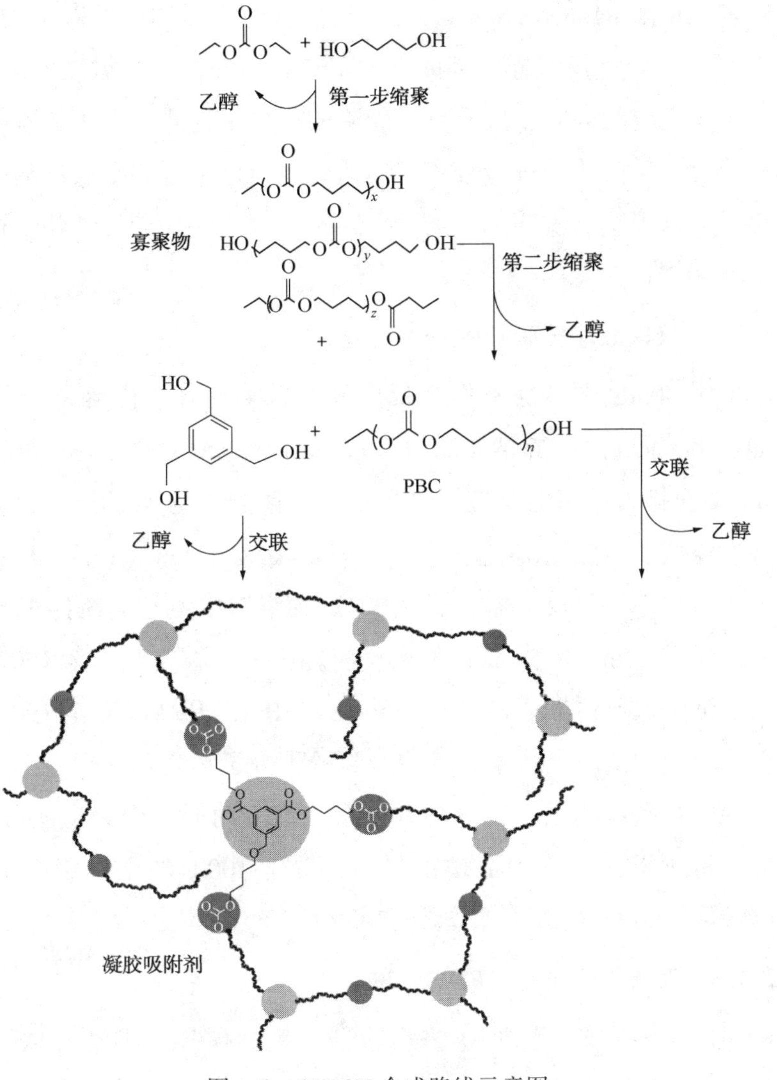

图 4.2 OPBCM 合成路线示意图

4.2.3.1 聚碳酸酯树脂 OPBCM 的合成

实验采用 50mL 支口烧瓶作为反应器，磁力搅拌。准确量取干燥后的 BD 0.9mL(10mmol)，称量乙醇钠 4mg(BD 摩尔含量的 0.6%)，加入反应器中。使用 Schlenk 双排管系统对反应器进行三次抽真空和充 N_2的操作，充分排除反应器中的空气，对反应器进行密封。量取 DEC 1.8mL(15mmol)，利用注射器加入反应器中。将烧瓶置于 130℃的油浴锅中，均匀搅拌 1.5h。称量1,3,5-苯三甲醇 84mg(0.5mmol)加入反应烧瓶中，温度升高至 150℃，反应 6h。然后逐渐降低反应器内部的压力至 0.01MPa，升高温度至 190℃，在此条件下继续反应的同时，聚合反应脱除的小分子物质以及未完全反应的原料经真空装置与反应体系进行分离。体系变为白色半透明凝胶状后，结束反应。将所得产物用氯仿洗涤后，置于 100℃的干燥箱中烘干 24h，得到聚碳酸酯树脂 OPBCM，产率为 35.4%。

4.2.3.2 聚碳酸酯树脂 OPPCM 的合成

实验采用 50mL 支口烧瓶作为反应器，磁力搅拌。准确称取干燥后的 PD 1.0mL(10mmol)，乙醇钠 4mg(PD 摩尔含量的 0.6%)，加入反应器中。使用 Schlenk 双排管系统对反应器进行三次抽真空和充 N_2的操作，充分排除反应器中的空气，对反应器进行密封。量取 DEC 1.8mL(15mmol)，利用注射器加入反应器中。将反应器置于 130℃的油浴锅中，均匀搅拌 1.5h。称量 1,3,5-苯三甲醇 84mg(0.5mmol)加入反应烧瓶中，温度升高至 150℃，反应 6h。然后逐渐降低反应器内部的压力至 0.01MPa，升高温度至 190℃，在此条件下继续反应的同时，将聚合反应脱除的小分子物质以及未完全反应的原料经真空装置与反应体系进行分离。体系由半流动形态变为透明凝胶状后，结束反应。将所得的产物用氯仿洗涤后，置于 100℃的干燥箱中烘干 24h，得到聚碳酸酯树脂 OPPCM，产率为 43.3%。

4.2.3.3 聚碳酸酯树脂 OPHCM 的合成

实验采用 50mL 支口烧瓶作为反应器，磁力搅拌。准确称取干燥后的 HD 1.2g(10mmol)，乙醇钠 4mg(HD 摩尔含量的 0.6%)，加入反应器中。使用 Schlenk 双排管系统对反应器进行三次抽真空和充 N_2 的操作，充分排除反应器中的空气，对反应器进行密封。量取 DEC 1.8mL(15mmol)，利用注射器加入反应器中。将反应器置于 130℃ 的油浴锅中，均匀搅拌 1.5h。称量 1,3,5-苯三甲醇 168mg(1.0mmol)加入反应烧瓶中，温度升高至 150℃，反应 6h。然后逐渐降低反应器内部的压力至 0.01MPa，升高温度至 190℃，在此条件下继续反应的同时，将聚合反应脱除的小分子物质以及未完全反应的原料经真空装置与反应体系进行分离。体系由半流动形态变为透明凝胶状后，结束反应。将所得的产物用氯仿洗涤后，置于 100℃ 的干燥箱中烘干 24h，得到聚碳酸酯树脂 OPHCM，产率为 50.9%。

4.2.4 线性聚碳酸酯为前驱体合成聚碳酸酯树脂

聚碳酸酯树脂 PBC-BTM、PPC-BTM、PHC-BTM 是以线性聚碳酸酯 PBC、PPC、PHC 和具有刚性结构的 1,3,5-苯三甲醇(BTM)进行缩聚，在高温条件下发生交联形成的具有弹性的半透明状凝胶型聚碳酸酯。PBC、PPC、PHC 的合成方法以及表征分析在第 2 章中已经做了详细的叙述。以聚碳酸酯树脂 PBC-BTM 的合成为代表，其合成路线图如图 4.2 所示。

4.2.4.1 PBC-BTM 的合成

实验采用 50mL 支口烧瓶作为反应器，磁力搅拌。准确称量 PBC 1.5g (M_w = 16000)，BTM 85.5g(0.5mmol)，乙醇钠 5.1mg(BTM 摩尔含量的 15%)，加入反应器中。使用 Schlenk 双排管系统对反应器进行三次抽真空和充 N_2 的操作，充分排除反应器中的空气，对反应器进行密封。将反应器置于 150℃ 的油浴锅中，均匀搅拌，反应 8h。然后逐渐降低反应器内部的压力至 0.01MPa，升高温度至 190℃，在此条件下继续反应的同时，将聚合反应生成的小分子物质以及未完全反应的原料经真空装置与反应体系进行分离。体系变为白色半透明凝胶状后，结束反应。PBC 体系在减压 6h 后形成凝胶状聚碳酸酯树脂。所得的聚碳酸酯树脂用氯仿洗涤后，置于 100℃ 的干燥箱中烘干 24h，得到聚碳酸酯树脂 PBC-BTM，产率为 58.3%。

4.2.4.2 聚碳酸酯树脂 PPC-BTM 的合成

实验采用 50mL 支口烧瓶作为反应器，磁力搅拌。准确称量 PPC 2.0g（M_w = 10000），BTM 85.5g（0.5mmol），乙醇钠 6.8mg（BTM 摩尔含量的 20%），加入反应器中。使用 Schlenk 双排管系统对反应器进行三次抽真空和充 N_2 的操作，充分排除反应器中的空气，对反应器进行密封。将反应器置于 150℃ 的油浴锅中，均匀搅拌，反应 8h。然后逐渐降低反应器内部的压力至 0.01MPa，升高温度至 200℃，在此条件下继续反应的同时，将聚合反应脱除的小分子物质以及未完全反应的原料经真空装置与反应体系进行分离。体系变为半透明凝胶状后，结束反应。PPC 体系在减压 10h 后形成凝胶状。所得的产物用氯仿洗涤后，置于 100℃ 的干燥箱中烘干 24h，得到聚碳酸酯树脂 PPC-BTM，产率为 69.6%。

4.2.4.3 聚酯 PHC-BTM 的合成

实验采用 50mL 支口烧瓶作为反应器，磁力搅拌。准确称量 PHC 1.5g（M_w = 6000），BTM 85.5g（0.5mmol），乙醇钠 6.8mg（BTM 摩尔含量的 20%），加入反应器中。使用 Schlenk 双排管系统对反应器进行三次抽真空和充 N_2 的操作，充分排除反应器中的空气，对反应器进行密封。将反应器置于 150℃ 的油浴锅中，均匀搅拌，反应 8h。然后逐渐降低反应器内部的压力至 0.01MPa，升高温度至 210℃，在此条件下继续反应的同时，聚合反应脱除的小分子物质以及未完全反应的原料经真空装置与反应体系进行分离。体系变为半透明凝胶状后，结束反应。PPC 体系在减压 18h 后形成凝胶状。所得的产物用氯仿洗涤后，置于 100℃ 的干燥箱中烘干 24h，得到聚碳酸酯树脂 PHC-BTM，产率为 64.8%。

4.2.5 溶胀吸附性能研究方法

聚碳酸酯树脂 OPBCM、OPPCM、OPHCM、PBC-BTM、PPC-BTM、PHC-BTM 的凝胶含量、溶胀度、吸附及解吸动力学、温度对溶胀度的影响、重复使用性、稳定性及对低浓度 BPA 的吸附性能等测试方法与第 3 章 3.2 实验部分所述相同。

4.3 结果与讨论

4.3.1 聚碳酸酯树脂凝胶含量的测定

本章所合成的聚碳酸酯树脂 OPBCM、OPPCM、OPHCM、PBC-BTM、PPC-BTM、PHC-BTM 呈凝胶形态，凝胶含量在去除未交联组分后按照实验部分所述方法进行测定。不同聚碳酸酯树脂的凝胶含量见表 4.1 和表 4.2 的第 4 列“GF 部分”。从表中的数据可以看出，原料摩尔比不同，所得聚碳酸酯树脂的凝胶含量不同。聚碳酸酯树脂 OPBCM 的合成中，当 DEC：BD：BTM 为 15：10：0.5 时，凝胶含量为 72.3%，当交联剂 BTM 的比例增加，投料比变为 15：10：1.5 时，凝胶含量提升为 98%。聚碳酸酯树脂 OPPCM 和 OPHCM 的合成中，在 DEC：PD/HD：BTM 为 15：10：0.5 的条件下不能形成凝胶，增加交联剂的用量，DEC：PD/HD：BTM 为 15：10：1 后，可得到凝胶型聚碳酸酯树脂。当 BTM 的用量继续增，DEC：PD/HD：BTM 为 15：10：2 时，同样不能得到凝胶型聚碳酸酯树脂，产物为黏性半流动态。在 PBC-BTM 的合成中，1g 的 PBC 和 0.5mmol BTM 形成的聚碳酸酯树脂凝胶含量最高，为 88.5%。同样的原料比例情况下，PPC-BTM 和 PHC-BTM 的凝胶含量分别为 62.3%和 59.8%。可以看出随着前驱体低聚物结构中重复单元碳链的增长，形成凝胶型聚碳酸酯树脂的凝胶含量降低。这是因为重复单元的碳链越长，端基活性降低，交联反应越困难，导致凝胶含量下降。

4.3.2 聚碳酸酯树脂的溶胀行为研究

4.3.2.1 原料比对溶胀度的影响

合成聚碳酸酯树脂 PBC-BTM、PPC-BTM、PHC-BTM、OPBCM、OPPCM、OPHCM 的原料比与交联度和交联结构伸缩性能有着密切的关系，从而影响树脂的溶胀吸附性。BTM 用量过大，交联点密度增加，交联点位之间的碳链缩短，可能导致在溶剂吸附过程中碳链伸展后的有效体积空间减小，溶胀度减小。交联剂的用量过小，交联点位过少，有可能无法形成凝胶。所以原料比对于交联结构聚碳酸酯树脂的形成与否和溶胀度的高低非常关键。不同原料比所得聚碳酸酯树脂的溶胀度见表 4.1 和表 4.2 的 *Q* 部分。

表 4.1　凝胶含量和溶胀度 *Q* 列表

样品	原料	原料比	*GF*/%	*Q*/%
OPBCM-1	DEC：BD：BTM	15：10：0.5	72.3	2022
OPBCM-2	DEC：BD：BTM	15：10：1	96.2	1854
OPBCM-3	DEC：BD：BTM	15：10：1.5	98.0	881
OPPCM-1	DEC：PD：BTM	15：10：1	83.8	1739
OPPCM-2	DEC：PD：BTM	15：10：1.5	92.8	917
OPHCM-1	DEC：HD：BTM	15：10：1	92.6	1184
OPHCM-2	DEC：HD：BTM	15：10：1.5	94.8	1054

注：溶胀度测试溶剂为氯仿，测试温度为 25℃。

表 4.2　凝胶含量和溶胀度 *Q* 列表

样品	PBC(PPC/PHC)/g	BTM/mmol	*GF*/%	*Q*/%
PBC-BTM-1	1.5	0.5	54.9	2636
PBC-BTM-2	1	0.5	88.5	2395
PBC-BTM-3	0.5	0.5	97.3	607
PPC-BTM-1	2.0	0.5	37.6	3897
PPC-BTM-2	1.5	0.5	53.8	3507
PPC-BTM-3	1	0.5	62.3	3047
PPC-BTM-4	0.5	0.5	86.8	1047
PHC-BTM-1	1.5	0.5	52.5	3316
PHC-BTM-2	1	0.5	59.8	2016

注：溶胀度测试溶剂为氯仿；测试温度为 25℃。

对于 OPBCM、OPPCM、OPHCM 体系，原料比 DEC：BD(PD/HD)：BTM 分别为 15：10：0.5、15：10：1、15：10：1 时，所得聚碳酸酯树脂的溶胀度最高。在 OPBCM 的合成中，当交联剂 BTM 的用量小于 0.5mmol，或大于 1.5mmol 时不能形成凝胶型聚碳酸酯树脂。当 DEC 与 BD 的物质的量均为 10mmol 时，不能形成凝胶型聚碳酸酯树脂。对于 PBC-BTM、PPC-BTM、PHC-BTM 体系，交联剂 BTM 的用量不同，树脂的溶胀度也显著不同。

PBC-BTM 体系中，1.5g PBC 和 0.5mmol BTM 缩聚得到的聚碳酸酯树脂 PBC-BTM 溶胀度为 2636%；PPC-BTM 的制备中，2g PPC 和 0.5mmol BTM 聚合所得聚碳酸酯树脂的溶胀度最高，为 3897%；PHC-BTM 体系中，2g PPC 和 0.5mmol BTM 聚合所得聚碳酸酯树脂的溶胀度最高，为 3316%；当原料比例超出或者小于表格中所列的比例范围，都不能得到凝胶类的聚碳酸酯树脂。

可以看出，在以线性聚碳酸酯为前驱体的合成路线中，前驱体重复单元链段含有 6 个碳原子时，所得聚碳酸酯树脂 PPC-BTM 的吸附性能最优，溶胀度达到 3897%。低聚物合成路线中，BD 与 DEC 所得低聚物为前驱体所得聚碳酸酯树脂 OPBCM 的溶胀度最好，为 2022%，随着制备低聚物的二元醇碳原子个数的增加，溶胀吸附性能下降。

4.3.2.2 在不同溶剂中的溶胀吸附性能

基于 BTM 的交联结构聚碳酸酯树脂 PBC-BTM、PPC-BTM、PHC-BTM、OPBCM、OPPCM、OPHCM 对多种有机溶剂具有良好的吸附性能。实验选取氯仿、二氯甲烷、四氢呋喃、甲苯、苯、甲醇、乙醇、水作为吸附剂，选取对氯仿吸附性能最好的样品，去除未交联产物后，按照实验部分所述方法对聚碳酸酯树脂的溶胀吸附性能进行测试。实验结果列于表 4.3。

表 4.3 聚碳酸酯树脂在不同溶剂中的溶胀度

溶剂 \ Q/% \ 样品	PBC-BTM	PPC-BTM	PHC-BTM	OPBCM	OPPCM	OPHCM
水	23	11	10	14	47	31
甲醇	76	67	30	13	58	29
乙醇	20	19	13	25	80	37
三氯甲烷	2636	3897	3416	2022	1739	1384
二氯甲烷	2222	2980	2683	1501	1550	905
四氢呋喃	711	1175	907	462	587	374
甲苯	164	1064	1117	179	272	326
苯	484	1571	1209	576	516	444

附注：PBC-BTM、PPC-BTM、PHC-BTM、OPBCM、OPPCM、OPHCM 分别为表 4.2 和 4.1 中的 1 号样；测试温度为 25℃。

由表4.3可以看出，不同聚碳酸酯树脂对不同溶剂表现出的溶胀吸附性能不同，但在所有测试溶剂中都能够稳定存在，不发生溶解现象。线性聚碳酸酯体系中，PPC-BTM的溶胀吸附性能最好，对氯仿、二氯甲烷、四氢呋喃、甲苯、苯的溶胀度分别为3897%、2980%、1175%、1571%、1064%。低聚物体系中，OPBCM的吸附性能最高，对氯仿、二氯甲烷、四氢呋喃、甲苯、苯的溶胀度分别为2022%、1501%、462%、576%、179%。线性聚碳酸酯体系（PBC、PPC或PHC为前驱体）聚碳酸酯树脂PBC-BTM、PPC-BTM、PHC-BTM的溶胀吸附性能优于对应的低聚物体系（BD、PD或HD分别与DEC反应所得低聚物）聚碳酸酯树脂OPBCM、OPPCM、OPHCM。这是因为PBC/PPC/PHC的碳链较长，交联点位之间的距离相对较大，交联密度小，其柔性链段的弹性和伸缩空间大，容纳溶剂的有效体积大，溶胀度高，其中PHC-BTM，由于PHC的分子量相对较小，所合成聚碳酸酯树脂的交联密度相对较大，吸附容纳空间小，所以，吸附性能在PBC/PPC/PHC-BTM体系中相对较差。

基于BTM体系的聚碳酸酯树脂对二氯甲烷、四氢呋喃、苯、甲苯等有机溶剂具有良好的吸附性，对水、乙醇、甲醇的吸附性能差，只有10%~47%，具有较高的选择性。所以该体系的聚碳酸酯树脂可以被应用于氯仿、二氯甲烷、四氢呋喃、苯、甲苯等有机溶剂的分离。BTM体系聚碳酸酯树脂对氯仿的吸附性能最优，按照溶度参数相近理论，树脂对与自身溶度参数接近的溶剂具有高的吸附性能。所以，BTM体系聚碳酸酯树脂对溶度参数接近9.3（氯仿的溶度参数）的溶剂吸附性能较好，对偏离该值越远的溶剂，吸附性能越差。

4.3.2.3 吸附和解吸动力学

吸附动力学研究是树脂在污染物吸附应用中的重要指导参数。由于本章所合成的交联结构聚碳酸酯树脂对氯仿的吸附效果最好，所以吸附动力学实验选用氯仿作为吸附质，测定树脂对溶剂的吸附量随时间的变化，以及达到饱和吸附量时所需要的时间。吸附动力学曲线如图4.3所示。由图可知，不同树脂分别在20~100min达到最大吸附量。

动力学参数经过微分处理后发现，t/Q_t与时间 t 之间呈线性关系，符合二阶动力学模型方程，以时间 t 为横坐标，t/Q_t为纵坐标绘制曲线如图 4.4 所示，根据测试数据计算出的动力学模型参数列于表 4.4 中。拟合优度 R 值大于 0.99，模型计算的最大吸附量与测定值接近。

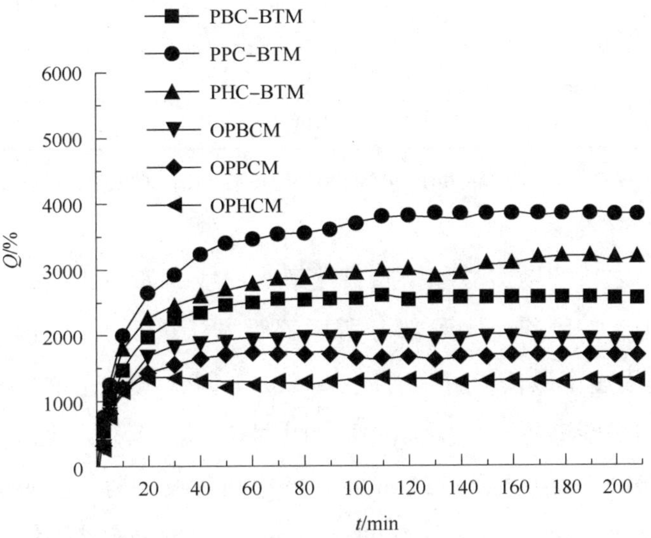

图 4.3　BTM 体系树脂的吸附动力学曲线

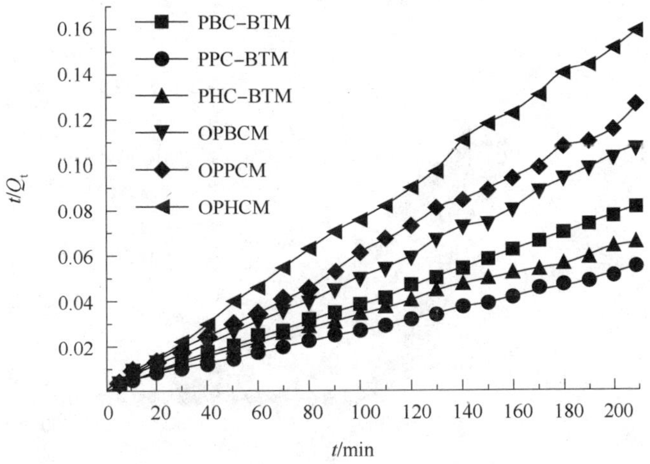

图 4.4　BTM 体系树脂的 t-t/Q_t曲线

表 4.4　BTM 体系树脂的 t–t/Q_t 曲线的动力学模型参数

吸附剂	K_2	Q_{max}/%（理论值）	Q_{max}/%（实验值）	R
PBC–BTM	9.86×10^{-5}	2635	2836	0.9996
PPC–BTM	2.86×10^{-5}	4029	4097	0.9993
PHC–BTM	3.15×10^{-5}	3282	3316	0.9984
OPBCM	5.76×10^{-4}	1964	2022	0.9991
OPPCM	2.79×10^{-4}	1713	1739	0.9988
OPHCM	1.33×10^{-3}	1313	1384	0.9993

注：样品 PBC–BTM、PPC–BTM、PHC–BTM、OPBCM、OPPCM、OPHCM 分别采用表 4.1 和 4.2 中 1 号样；测试温度为 25℃。

吸附氯仿之后的聚碳酸酯树脂自然解吸曲线，如图 4.5 所示。测试在室温敞开系统中，按照前文实验部分所述解吸方法进行。由图 4.5 可以看出，OPHCM 的解吸速率最快，解吸时间在 120min 时，可以完全释放出所吸收的氯仿，柔性伸缩碳链越长，所需的解吸时间越长。吸附量越大，解吸时间越长，PPC–BTM 吸附氯仿后需 220min 方可达到解吸平衡，说明交联后的聚碳酸酯树脂对所吸附的溶剂有良好的保持率，有利于溶剂的集中回收。BTM 体系聚碳酸酯树脂对有机溶剂的吸附机制在于：树脂与溶剂之间的氢键，以及树脂内外化学势差的共同作用。

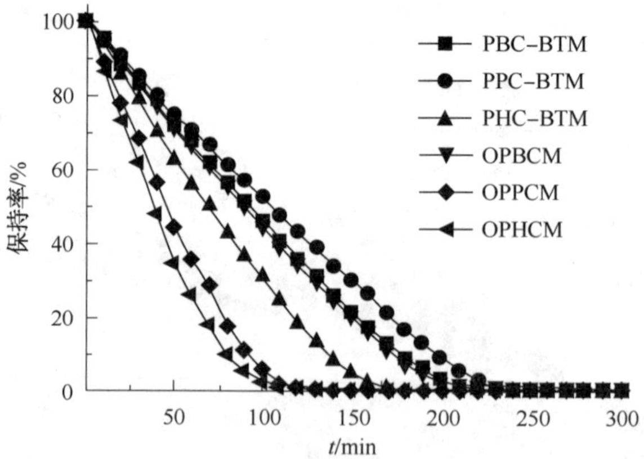

图 4.5　PBC（PPC/PHC）–BTM 和 OPB（P/H）DM 对氯仿的保持率曲线

将吸附有机溶剂(氯仿、二氯甲烷、四氢呋喃、苯、甲苯等)后的聚碳酸酯树脂置于无水乙醇中发现，溶胀的树脂迅速塌缩，快速释放出所吸附的溶剂。这是因为该类别树脂对乙醇几乎没有吸附性，所以对于吸附质-乙醇体系具有高的选择性，而所吸附的有机溶剂在乙醇中又具有良好的溶解性，所以，在乙醇中，被吸附的有机溶剂由于与乙醇之间较强的分子间作用力，从树脂中快速解吸。吸附前后的形态见图 4.6。从图中可以看出，聚碳酸酯树脂在吸附氯仿后体积膨胀，在乙醇中放置 1min 后几乎缩小到原来的体积。该特性对于有机溶剂的回收非常有利。吸附溶剂前后以及在乙醇中塌缩后的外部形态如图 4.6(b)所示。

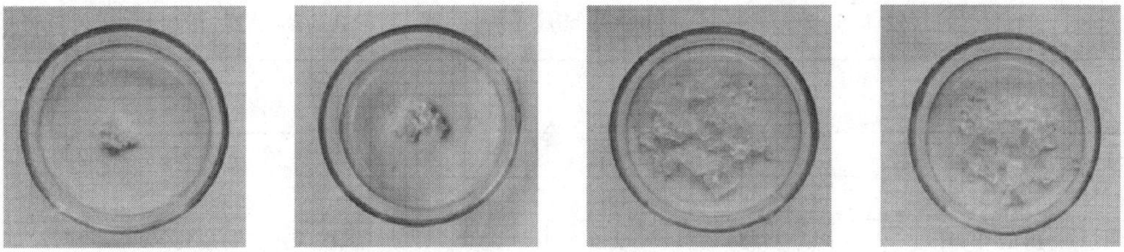

(a) 吸附前的干样　(b) 在乙醇中塌缩后　(c) 吸附氯仿　(d) 吸附二氯甲烷

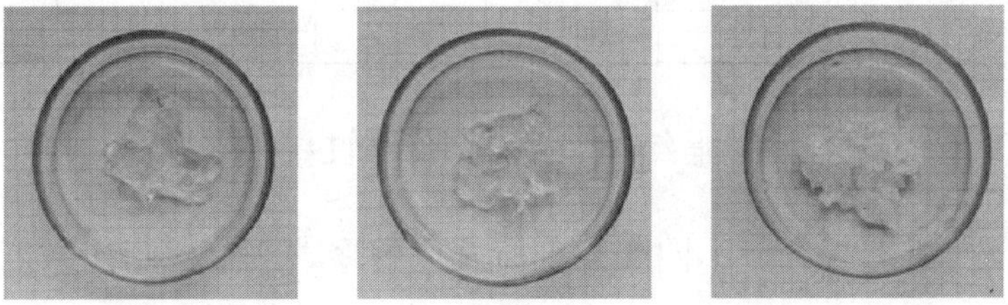

(e) 吸附四氢呋喃　(f) 吸附苯　(g) 吸附甲苯

图 4.6　PPC-BTM 吸附溶剂前后的形态

4.3.2.4　温度对溶胀吸附性能的影响

吸附的操作温度对溶胀度有较大的影响。树脂 PPC-BTM 在不同温度下的吸附趋势见图 4.7，其余聚碳酸酯树脂在不同温度下对氯仿的溶胀度列于表4.5。由图表可以看出，温度越低，吸附性能越好，5℃时，聚碳酸酯树脂 PPC-BTB 对氯仿的溶胀度高达 4830%，当温度升高至 55℃时，溶胀度下降为 3140%。所以，在污染物的吸附过程中，低温操作更有利。

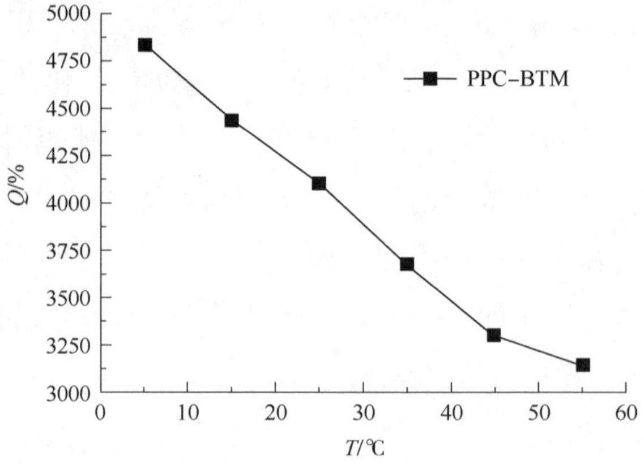

图 4.7　不同温度下 PPC-BTM 的吸附性能

表 4.5　不同温度条件下聚碳酸酯树脂在氯仿中的溶胀度

样品 \ T/℃	5	15	25	35	45	55
PBC-BTM-1	2978	2902	2836	2573	2491	2304
PPC-BTM-1	4830	4431	4097	3677	3300	3140
PHC-BTM-1	3745	3602	3316	3103	2879	2678
OPBCM-1	2238	2126	2022	1895	1721	1675
OPPCM-1	1856	1755	1739	1650	1508	1488
OPHCM-1	1584	1431	1384	1274	1138	1039

4.3.3　聚碳酸酯树脂结构对溶胀吸附性能的影响

交联反应机理复杂，不同交联剂所合成的聚碳酸酯树脂交联度和交联结构不同。与 BTB 体系的聚碳酸酯树脂相比，BTM 体聚碳酸酯树脂对有机溶剂的吸附性能降低，这是由于可与有机溶剂形成氢键的点位数目减小所致。BTB 分子结构中的羰基在与前驱体聚合形成聚碳酸酯树脂后仍然保留，BTM 体系中，只有柔性前驱体为其提供氢键受体羰基，所以相比 BTB 体系，BTM 体系的聚碳酸酯树脂可与溶剂发生氢键作用的点位数目减少，所以对溶剂的溶胀吸附性能下降。另外，就线性聚碳酸酯 PBC 为前驱体所得聚碳酸酯树脂而言，根据第 2 章前驱体的^{1}H NMR 可知，线性聚碳酸酯 PBC 端基结构中，酯基的比例较高，所以与 BTM 的交联反应中形成新的交联点位的可能性较 BTB 更大，交联密度也更高，吸附溶剂后聚碳酸酯树脂柔性链的伸缩空间减小，所以聚碳酸酯树脂 PBC－BTM 的溶胀度小于对应的树脂 PBC-BTB。可见，聚碳酸酯树脂的结构特征直接决定其吸附溶剂的种类和吸附性能，针对树脂的不同应用领域，可选择含有不同特征基团的单体，得到对目标污染物具有更高选择性的树脂。

4.3.4 聚碳酸酯树脂的重复使用性能

BTM 体系聚碳酸酯树脂吸附有机溶剂后的重复使用性能，按照实验部分所述方法进行测试。PPC-BTM 重复使用 10 次后的溶胀度见图 4.8，该体系其他聚碳酸酯树脂重复使用后的溶胀度列于表 4.6 中。图表中的数据说明基于 BTM 的交联结构凝胶型聚碳酸酯树脂具有良好的重复使用性。使用 10 次后，聚碳酸酯树脂的性能稳定，溶胀度没有明显下降的趋势。

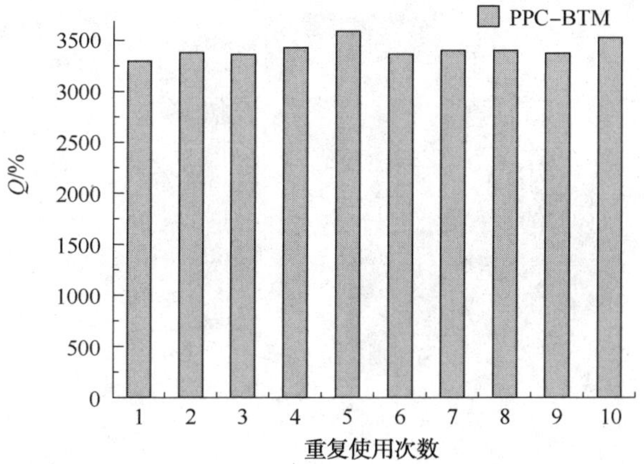

图 4.8 室温下重复使用 10 次 PPC-BTM 对氯仿的吸附性能

表 4.6 吸附剂吸附氯仿的重复使用性

样品 \ 重复使用次数	1	2	3	4	5	6	7	8	9	10
OPBCM-1	2103	2010	1987	2006	2121	2047	2054	1997	2093	2123
OPPCM-1	1707	1721	1737	1739	1716	1717	1721	1713	1720	1736
OPHCM-1	1132	1158	1235	1121	1137	1162	1159	1150	1163	1166
PBC-BTM-1	2816	2651	2836	2709	2866	2713	2698	2877	2745	2641
PPC-BTM-1	3857	4033	3997	4001	3914	4058	3932	3825	4063	3918
PHC-BTM-1	3302	3385	3363	3423	3587	3371	3390	3401	3375	3526

4.3.5 聚碳酸酯树脂的稳定性

稳定性测试的实验方法如 4.2.11 所述。图 4.9 展示了聚碳酸酯树脂在氯仿中浸泡 30d 后的稳定性能。实验表明聚碳酸酯树脂 PBC-BTM、PPC-BTM、PHC-BTM、OPBCM、OPPCM、OPHCM 都表现出出色的稳定性能。在氯仿中浸泡 1~30d 后，对聚碳酸酯树脂的结构和溶胀性能几乎没有影响，只有非常小的质量损失，这可能是由于未交联产物分离不完全所致。图 4.14 为样品 PPC-BTM 稳定性测试前后样品的红外谱图，可以看出二者的红外光谱几乎完全相同，这一点也可以说明使用前后，BTM 体系聚碳酸酯树脂的结构没有发生改变。

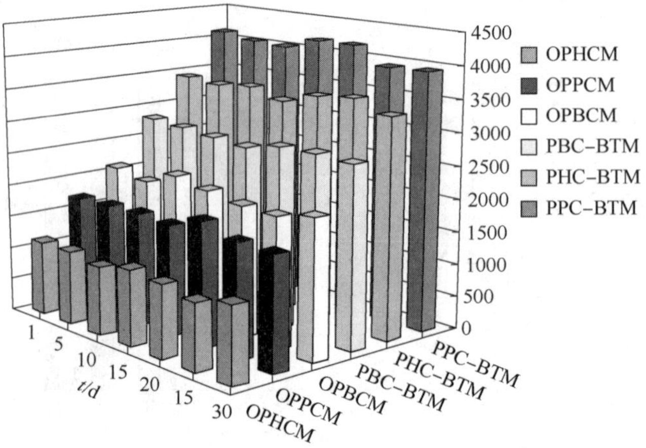

图 4.9　聚碳酸酯树脂在氯仿中 30d 的稳定性能

以上实验可以证明，基于 BTM 的交联结构聚碳酸酯树脂具有高的溶胀性能和选择性，优良的稳定性能，可多次重复使用，对所吸附溶剂具有良好的保持率，故该系列树脂对水中有机污染物，特别是在有机溶剂的处理方面存在潜在的商业价值，是一种性能良好的有机吸附材料。

4.3.6 对低浓度 BPA 的吸附性能研究

基于 BTM 的交联结构聚碳酸酯树脂，不仅对多种有机溶剂表现出良好的吸附溶胀性能，同时，对低浓度 BPA 也表现出良好的吸附性。对 BPA 的吸附性能测试方法以及标准曲线的绘制方法在前部分章节已有详细描述，在此不再重复说明。标准曲线方程为 $Y=0.2717X+0.0003$，Y 代表 BPA 的摩尔浓度，X 代表 BPA 的吸光度。通过紫外光谱扫描可知 PBC-BTM、PPC-BTM、PHC-BTM、OPBCM、OPPCM、OPHCM 对低浓度 BPA 的水溶液具有良好的吸附性能，吸附 BPA 的紫外光谱如图 4.10 所示，图 4.10 表明，35mg BTM 体系的六种聚碳酸酯树脂吸附 10mL、0.1mmol/L 的 BPA 6h 后，BPA 残余浓度均有所降低，其中，树脂 OPPCM 的吸附性能最优。以线性聚碳酸酯作为前驱体所得的聚碳酸酯树脂中，PPC-BTM 吸附 BPA 6h 后，吸附效率为 50.8%，低聚物体系中聚碳酸酯树脂 OPPCM 的吸附效率最高，可达 66.8%。BTM 体系聚碳酸酯树脂中，低聚物体系树脂对 BPA 的吸附性能高于线性聚碳酸酯体系，这是因为，线性聚碳酸酯作为前驱体合成的交联结构聚碳酸酯树脂中，柔性链较长，易发生链的缠绕，BPA 分子进入聚碳酸酯树脂形成氢键的阻力增大，吸附性能下降，低聚物体系为前驱体所合成的聚碳酸酯树脂则相反，与 BPA 形成氢键的概率更大，吸附效率增加。

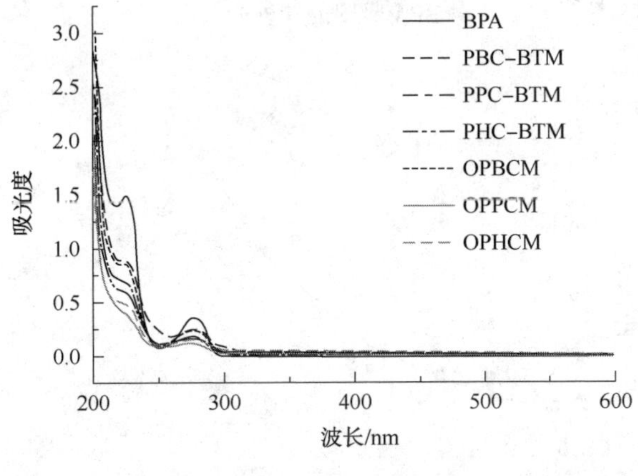

图 4.10　PBC(PPC/PHC)-BTM 和 OPB(P/H)DM 吸附 BPA 的紫外光谱图

以 OPPCM 为代表样品，测定不同吸附时间对 BPA 吸附性能的影响，紫外谱图和动力学曲线如图 4.11 和图 4.12 所示。由图可知，35mg OPPCM 吸附 BPA 1h 后，吸附效率为 42.6%，随着吸附时间的增加，吸附效率也随之增加，当吸附时间达到 7h 时，聚碳酸酯树脂 OPPCM 对 BPA 的吸附效率可达 82%，达到该吸附剂用量下的最大吸附量，之后随着时间的增加吸附效率基本保持不变，吸附达到平衡。吸附剂用量增加，吸附效率增大，75mg OPPCM 吸附 BPA 7h 后，吸附效率为 90.1%，见表 4.7，说明该体系聚碳酸酯树脂对 BPA 有良好的吸附性能。

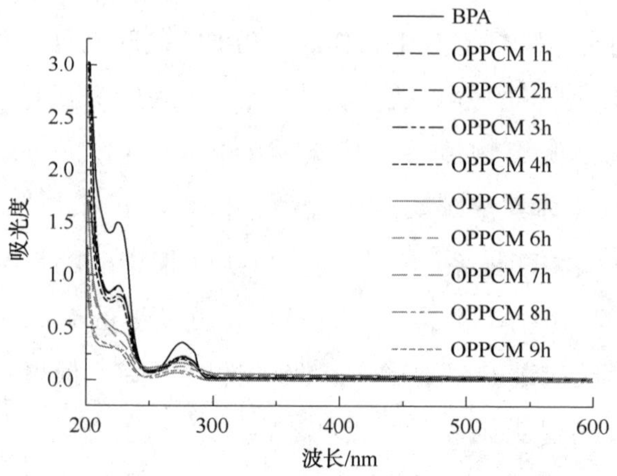

图 4.11　35mg OPPCM 在不同吸附时间内对 BPA 吸附的紫外光谱图

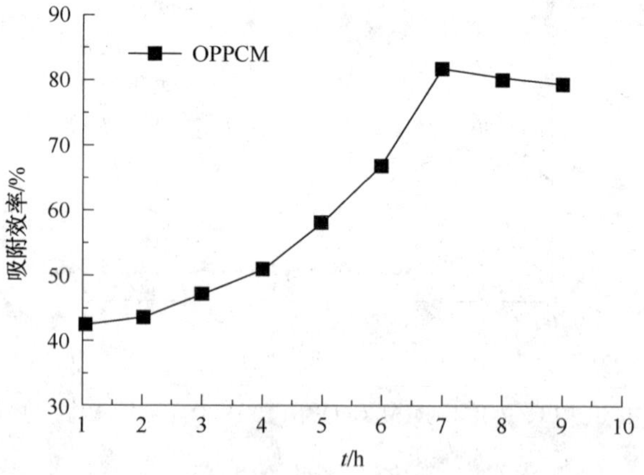

图 4.12　OPPCM 对 BPA 的吸附效率-时间关系

表 4.7 聚碳酸酯树脂对 BPA 的吸附效率

样品	质量/g	吸附时间/min	吸光度	吸附效率
PBC-BTM	35	360	0.243	33.7%
PPC-BTM	35	360	0.180	50.8%
PHC-BTM	35	360	0.181	50.5%
OPBCM	35	360	0.234	36.1%
OPPCM	35	360	0.121	66.8%
OPHCM	35	360	0.155	57.6%
OPPCM	35	60	0.21	42.6%
OPPCM	35	120	0.206	43.7%
OPPCM	35	180	0.193	47.2%
OPPCM	35	240	0.179	51.1%
OPPCM	35	300	0.153	58.1%
OPPCM	35	360	0.121	66.8%
OPPCM	35	420	0.066	81.8%
OPPCM	35	480	0.071	80.4%
OPPCM	35	540	0.074	79.6%
OPPCM	55	420	0.047	86.9%
OPPCM	75	420	0.035	90.1%

4.3.7 聚碳酸酯树脂的表征与分析

4.3.7.1 聚碳酸酯树脂的 FT-IR 分析

利用三臂结构的1,3,5-苯三甲醇作为交联剂，分别与 PBC、PPC、PHC 及其低聚物进行缩聚，合成具有交联结构的凝胶型聚碳酸酯树脂 PBC-BTM、PPC-BTM、PHC-BTM、OPBCM、OPPCM、OPHCM。所合成的六类聚碳酸酯树脂均不溶于常见有机溶剂，但是却对氯仿、二氯甲烷、四氢呋喃、苯、甲苯等溶剂具有良好的吸附性，在上述溶剂中发生溶胀现象，所以聚碳酸酯树脂的结构表征困难，故红外谱图中是否存在特征官能团的特征峰，对树脂结构的说明就显得尤为重要。该体系六种聚碳酸酯树脂的 FT-IR 数据如下，谱图见图 4.13。

OPBCM 的 FT-IR(KBr, cm^{-1}): ν = 3449(w), 2967(w), 1739(s), 1591(w), 1462(w), 1403(w), 1230(s), 1026(w), 1038(s), 923(w), 790(m)。

OPPCM 的 FT-IR(KBr, cm^{-1}): ν = 3473(w), 2967(w), 1736(s), 1460(w), 1403(w), 1242(s), 1030(s), 954(s), 871(w), 784(m)。

OPHCM 的 FT-IR(KBr, cm^{-1}): ν = 3490(w), 2942(w), 1734(s), 1582(w), 1470(w), 1399(w), 1239(s), 1069(w), 957(w), 789(m)。

PBC-BTM 的 FT-IR(KBr, cm^{-1}): ν = 3457(w), 2975(w), 1729(s), 1456(w), 1402(w), 1229(s), 1028(w), 923(w), 907(w), 795(m)。

PPC-BTM 的 FT-IR(KBr, cm^{-1}): ν = 3449(w), 2961(w), 1731(s), 1456(w), 1402(w), 1228(s), 1028(w), 925(w), 906(w), 795(m)。

PHC-BTM 的 FT-IR(KBr, cm^{-1}): ν = 3441(w), 2936(w), 1734(s), 1586(w), 1469(w), 1404(w), 1240(s), 1114(w), 1049(w), 953(m), 791(m), 733(w)。

PHC-BTM 重复使用多次后样品的 FT-IR(KBr, cm^{-1}): ν = 3424(w), 2942(w), 1735(s), 1586(w), 1466(w), 1401(w), 1239(s), 1106(w), 1060(w), 952(m), 781(m)。

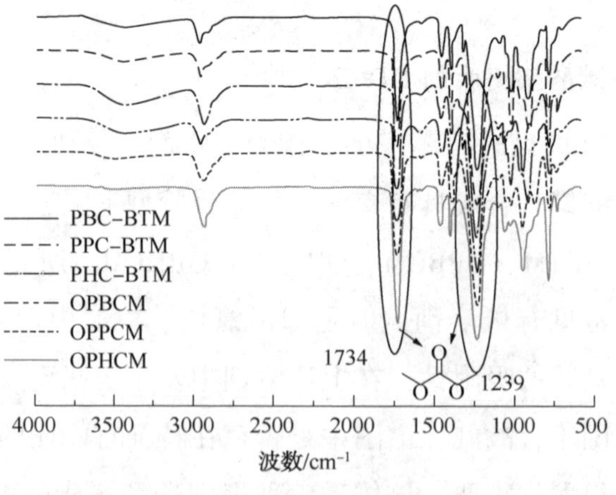

图 4.13　树脂 PBC(PPC/PHC)-BTM 和 OPB(P/H)CM 的红外谱图

以 PHC-BTM 为代表样品，从红外谱图 4.14 可以看出，$2936cm^{-1}$ 和 $1469-1404cm^{-1}$ 处的弱峰可能是 PHC 所提供的—CH_2 的振动峰，$1734cm^{-1}$ 和 $1240cm^{-1}$ 处出现的强峰，应该分别是酯基—OC(O)O—的伸缩振动和变形振动产生的特征峰，这说明聚碳酸酯树脂中确实存在 PHC 的链段。1114～$1049cm^{-1}$ 范围的峰可能是—OH 的振动所引起的。953～$733cm^{-1}$ 处的峰可能是苯环的骨架振动所致。其他五类聚碳酸酯树脂的红外光谱图与 PHC-BTM 的类似。红外谱图中出现的羰基特征峰和苯环的骨架振动峰说明，脂肪族聚碳酸酯与 BTM 交联形成了具有交联结构的聚碳酸酯树脂。

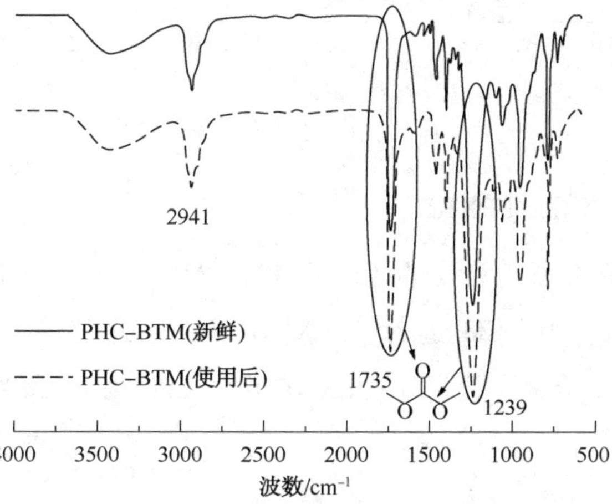

图 4.14　重复吸附使用前后 PHC-BTM 的红外光谱图

4.3.7.2　固体核磁共振碳谱(^{13}C NMR)分析

由于 BTM 体系的聚碳酸酯树脂不溶于有机溶剂，无法进行液体核磁测试，所以本书选择树脂 OPHCM 为代表样品，进行固体 ^{13}C NMR 的测定，谱图如图 4.15 所示。测试数据如下：固体 ^{13}C NMR(100.6MHz) δ(ppm)：156.2、137.5、67.5、68.3、29.5、26.3。

化学位移 156.2 处的峰代表柔性链上羰基碳—O*C*(O)O—，137.5 化学位移处的峰为苯环碳的响应，67.5～68.3 处的峰可能是由—CH_2O—、端基 CH_3O—和—CH_2OH 所引起的，29.5～26.3 处应为—CH_2—、CH_3—中碳的响应峰。由固体核磁碳谱分析可知，聚碳酸酯树脂 OPHCM 是 BTM 与低分子量的聚碳酸脂 PHC 之间缩聚的产物。

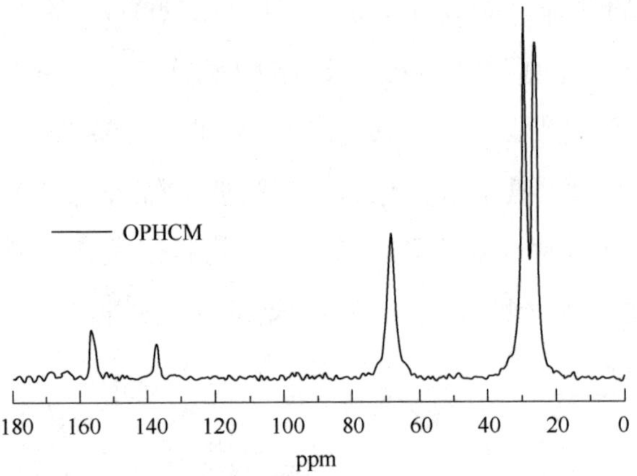

图 4.15　OPHCM 的 ^{13}C NMR 谱图

4.3.7.3　粉末衍射(PXRD)

本书对 BTM 体系聚碳酸酯树脂 PBC-BTM、PPC-BTM、PHC-BTM、OPBCM、OPPCM、OPHCM 进行了 PXRD 测试，并与线性聚碳酸酯 PBC、PPC、PHC 的测试结果进行对比。PXRD 谱图如图 4.16 和图 4.17 所示。

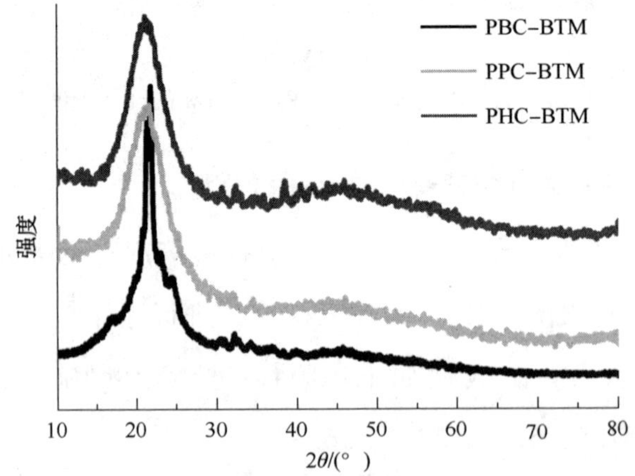

图 4.16　PBC、PPC、PHC 的 PXRD 谱图

PBC-BTM 在 2θ 角为 16.6°、21.3°、21.9° 和 24.5° 处出现特征峰，PPC-BTB 在 2θ 角为 21.2°处出现特征峰，PHC-BTB 的特征峰出现在 2θ 角

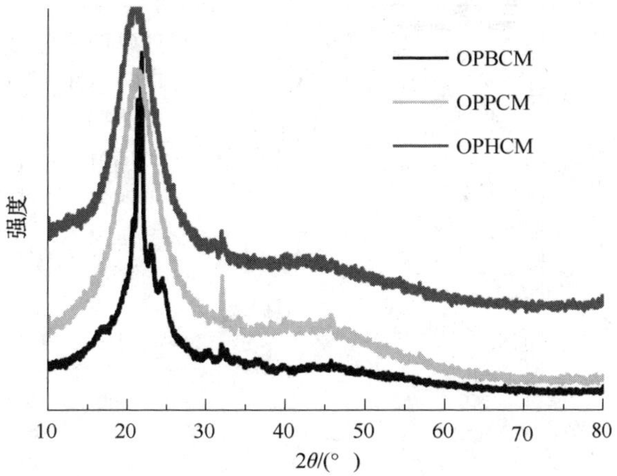

图 4.17　OPBCB、OPPCB、OPHCB 的 PXRD 谱图

为 21.1°处。OPBCM 在 2θ 角为 16.6°、21.1°、21.8°和 24.5°处出现特征峰，而 OPPCM 和 OPHCM 分别在 2θ 角为 21.1°和 20.1°处出现一个较宽的峰。PBC 在 2θ 角为 16.7°、21.2°、21.7°和 24.5°处出现较尖的峰，PPC 的特征峰出现在 2θ 角为 15.1°、20.9°、21.7°、22.9°和 24.5°处，PHC 在 2θ 角为 15.0°、20.2°和 23.9°处出现特征峰。聚碳酸酯树脂与各自的前驱体对比，发现 PBC-BTM 和 OPBCM 特征峰的 2θ 角与 PBC 基本一致，说明交联反应后半晶型 PBC 的有序结构没有被破坏，所以，BTM 体系聚碳酸酯树脂仍具有半结晶的特征。但是 PPC-BTM、PHC-BTM 以及 OPPCM 和 OPHCM 的特征峰明显宽化，交联后柔性链的有序性被破坏，结晶度降低。

4.3.7.4　热重分析

聚碳酸酯树脂 PBC-BTM、PPC-BTM、PHC-BTM、OPBCM、OPPCM、OPHCM 的热稳定性能由热重测试表征，热重曲线如图 4.18 所示。所有的树脂在 180℃以内都表现出非常出色的热稳定性能。

(1) PBC-BTM、PPC-BTM、PHC-BTM 的热重分析：PBC-BTM 的初始分解温度为 188℃，390℃时完全分解，PPC-BTM 的初始分解温度为 205℃，470℃时完全分解，PHC-BTM 的初始分解温度为 218℃，510℃时完全分解。

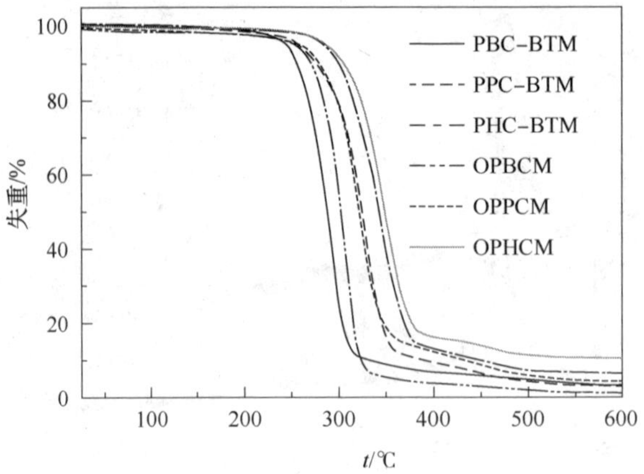

图 4.18　PBC(PPC/PHC)-BTM 的热重曲线

(2) OPBCM、OPPCM、OPHCM 的热重分析：OPBCM 的初始分解温度为 182℃，394℃时完全分解，OPPCM 的初始分解温度为 186℃，484℃时完全分解，OPHCM 的初始分解温度为 211℃，510℃时完全分解。

热稳定性与聚碳酸酯树脂的组成、碳链长短、分子量大小等因素有关。聚碳酸酯树脂的初始分解温度 182~218℃，与 PBC、PPC、PHC 相比有所提高，这主要是因为聚碳酸酯树脂结构中引入了刚性的苯环，分子稳定性增强，键能增加，热分解所需的能量增加，所以分解温度更高。

线性聚碳酸酯作前驱体的体系中，聚碳酸酯树脂 PHC-BTM 的初始分解温度比 PBC-BTM 的高约 20℃，比 PPC-BTB 高约 13℃。前驱体为低聚物的体系中 OPHBM 的分解温度与 OPBCB 相比高出约 19℃，比 OPPCB 高出 15℃。所以同一体系中随着前驱体结构中重复单元碳原子个数的增加，分解温度升高。同样，两个体系中二醇为 HD 的聚碳酸酯树脂 PHC-BTB 和 OPHCB 完全分解温度高于体系中其他聚碳酸酯树脂，所以，前驱体重复单元中碳链的长度越长，聚碳酸酯树脂的热稳定性越好。

4.3.7.5　形貌特征

扫描电镜 SEM 可以对聚碳酸酯树脂的具体形貌进行观测。SEM 图片如图 4.19 所示，可以看出凝胶型聚碳酸酯树脂在放大 5 万~10 万倍的条件下，观察不到孔的存在，只有错综不规则的细小纹路，有可能是由于线性碳链的折叠堆积而形成。所以，基于 BTM 体系的聚碳酸酯树脂对有机溶剂的吸附性并不完全依靠孔隙吸附，而是聚碳酸酯树脂与溶剂分子之间的相互作用(氢键)而引起的。

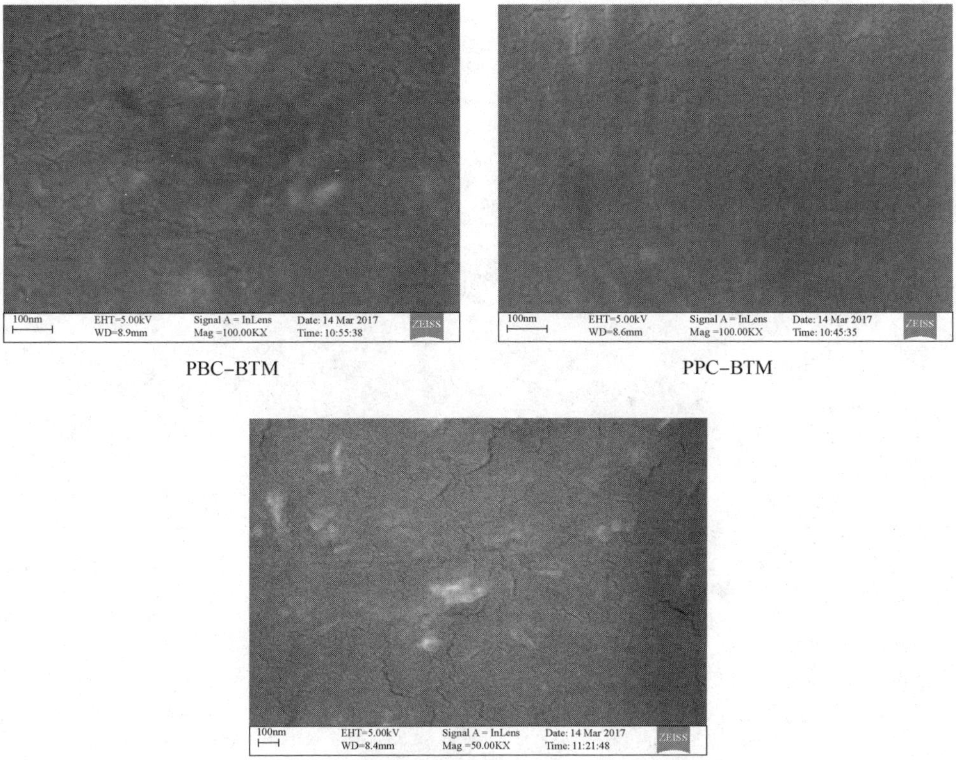

图 4.19　PBC-BTM、PPC-BTM、PHC-BTM 的 SEM 照片

4.3.8　可能的溶胀吸附机理

基于 BTM 体系的聚碳酸酯树脂在有机溶剂中的溶胀与 BTB 体系相似，可以用 FR 理论和氢键吸附理论进行解释。聚碳酸酯树脂与有机溶剂接触后，首先形成氢键，体系平衡被打破，从而产生一定的化学势差和渗透压差，在此推动力的作用下，溶剂进入聚酯内部，并以氢键的方式与聚酯进一步结合，聚酯结构中的柔性链伸展，容纳空间增大，直至达到平衡。图 4.20 为 PBC-BTM 吸附 BPA(双酚 A)的模型示意图。

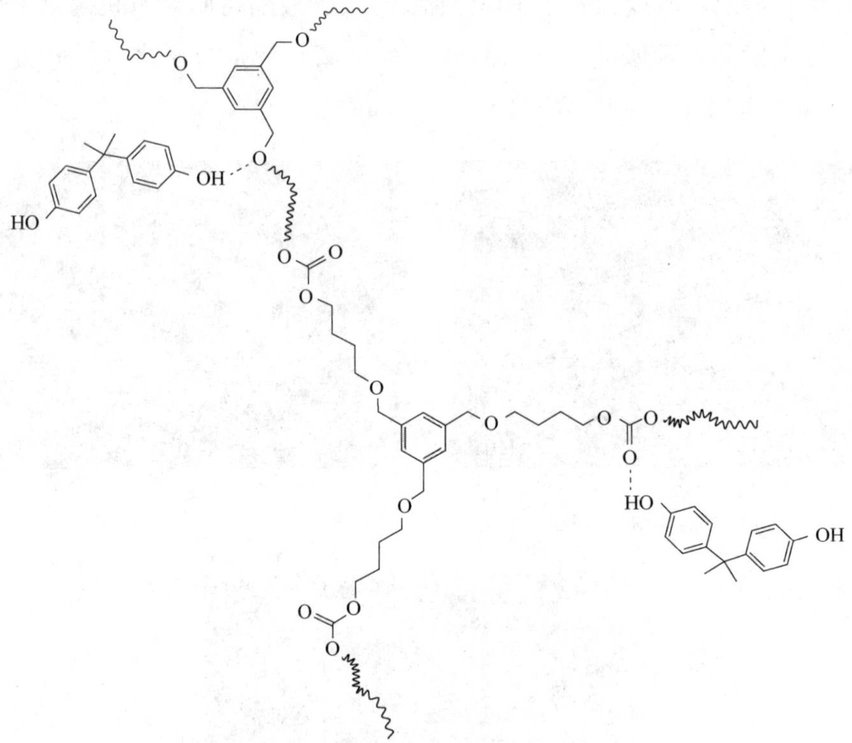

图 4.20　PBC-BTM 吸附 BPA 的模型示意图

4.4　本章小结

（1）线性聚碳酸酯 PBC、PPC、PHC 为前驱体，三臂结构 BTM 为交联中心，合成了新型的交联结构聚碳酸酯树脂 PBC-BTM、PPC-BTM、PHC-BTM。利用 DEC 和二元醇 BD、PD、HD 的低聚物与 BTM 进行缩聚，得到交联结构的新型聚碳酸酯树脂 OPBCM、OPPCM、OPHCM。反应采用无溶剂的两步酯交换工艺，在碱性催化剂和高温减压的条件下进行，所得聚碳酸酯树脂不溶于有机溶剂。通过红外谱图、固体核磁碳谱、粉末衍射等方法对聚碳酸酯树脂的结构进行了表征，电镜显示聚碳酸酯树脂为无孔结构。

（2）聚碳酸酯树脂 PBC-BTM、PPC-BTM、PHC-BTM、OPBCM、OPPCM、OPHCM 对氯仿、二氯甲烷、四氢呋喃、甲苯、苯等有机溶剂具有良好的吸附作用。可在20~100min内达到饱和吸附量。PHC-BTM对氯仿的最大溶胀度达到4000%以上，并对所吸附的溶剂具有良好的保持率，有利于被吸附溶剂的回收处理。对水、乙醇和甲醇的吸附性能低，只有10%~40%，具有高的吸附选择性。吸附溶剂后的聚碳酸酯树脂在乙醇中能够迅速塌缩，释放出所吸附的有机溶剂。本体系聚碳酸酯树脂可在80~250min内完全自然解吸所吸附的溶剂。重复使用性能良好，多次使用后，其吸附性能和结构保持不变。在溶剂中浸泡30d后稳定性良好。吸附剂具有稳定的热性能，体系的初始分解温度为230℃，可在较宽的温度范围内应用。

（3）BTM体系的聚碳酸酯树脂对水中低浓度的BPA有良好的吸附性能。75mg OPPCM 吸附 10mL、0.1mmol/L BPA 7h 后，BPA 的浓度降为 0.0099mmol/L，除去了低浓度BPA水溶液中90.1%的BPA。

参 考 文 献

[1] Satoh Y., Miyachi K., Matsuno H.. Synthesis of Well-Defined Amphiphilic Star-Block and Miktoarm Star Copolyethers via t-Bu-P4-Catalyzed Ring-Opening Polymerization of Glycidyl Ethers[J]. Macromolecules, 2016, 49: 499-509.

[2] Zhang H., Li Y., Xu Y., et al. Versatile Fabrication of a Superhydrophobic and Ultralight Cellulose-based Aerogel for Oil Spillage Clean-up[J]. Physical Chemistry Chemical Physics, 2016, 18: 28297-28306.

[3] Ebrahimi T., Hatzikiriakos S. G., Mehrkhodavandi P.. Synthesis and Rheological Characterization of Star-Shaped and Linear Poly(hydroxybutyrate)[J]. Macromolecules, 2015, V48(18): 6672-6681.

[4] Perry M. R., Shaver M. P.. Flexible and Rigid Core Molecules in the Synthesis of Poly(lactic acid) Star Polymers[J]. Canadian Journal of Chemistry, 2011, 89: 499-505.

[5] Dantas P. A., Botaro V. R.. Synthesis and Characterization of a New Cellulose Acetate-Propionate Gel: Crosslinking Density Determination[J]. Open Journal of Polymer Chemistry, 2012, 2: 144-151.

[6] Vlad C. D., Costea E., I. Poinescu. On the Cross-linking Density of Poly(Dimeth-acrylate Esters) Networks[J]. European Polymer Journal, 1998, V(34), 9: 1315-1318, 1998.

[7] Ge X. P., Ye Q., Song L. Y., et al Effect of Crosslinking Density of Polymers and Chemical

Structure of Amine-containing Monomers on the Neutralization Capacity of Dentin Adhesives[J]. Dental Materials, 2015, 31: 1245-1253.

[8] Oh K. S., Oh J. S., Choi H. S., et al. Effect of Cross-Linking Density on Swelling Behavior of NIPA Gel Particles[J]. Macromolecules, 1998, 31: 7328-7335.

[9] Zhang J., Zheng C. R., Yang Y. F., et al. A Determination of the Solubility Parameter of High Degree of Polyvinyl Chloride[J]. Polymer Materials Science and Engineering, 1994, 5: 50-54.

[10] Lee J. H., Lee T. H., Shim K. S., et al. Effect of Crosslinking Density on Adhesion Performance and Flexibility Properties of Acrylic Pressure Sensitive Adhesives for Flexible Display Applications[J]. International Journal of Adhesion and Adhesives, 2017, 74: 37-143.

[11] Fan L., Chen H., Hao Z., et al. Synthesis of Crosslinked Poly(butyl methacrylate-co-pentaerythritol triacrylate) Gel by Single Electron Transfer-Living Radical Polymerization and Its Oil-Absorbing Properties[J]. Polymer Chemistry, 2012, 50: 4871-4878.

[12] Quesada-Perez M., Maroto-Centeno J. A., Forcada J., et al. Gel Swelling Theories: the Classical Formalism and Recent Approaches[J]. Soft Matter, 2011, 7: 10536-10547.

[13] LI J., SUN J., SHI Z.. Hydrogen Binding Adsorption and its Prospect[J]. Ion Exchange And Adsorption, 2001, V17(6): 561-566.

[14] Li J. Z., Yao K. D.. Adsorption from Aqueous Solution Based on the Synergism between Hydrogen Bonding and Hydrophobic Interactions[J]. Journal of Applied Polymer Science, 2005, V(96): 841-845.

[15] Mardis K. L., Brune B. J., Vishwanath P.. Intramolecular versus Intermolecular Hydrogen Bonding in the Adsorption of Aromatic Alcohols onto an Acrylic Ester Sorbent[J]. The Journal of Physical Chemistry B, 2000, 104: 4735-4744.

[16] Li C., Zhou X., Shao Y., A.. Supramolecular Hydrogel with Identical Cross-linking Point Density but Distinctive Rheological Properties[J]. Materials Chemistry Frontiers, 2016.

5

基于3-氨丙基三乙氧基硅烷的交联结构聚碳酸酯树脂的合成及其吸附性能研究

5.1 引言

3-氨丙基三乙氧基硅烷(APTES)是一种有机硅偶联剂。具有耐高温、抗老化、抗腐蚀等性能，分子结构中含有三个—OCH_2CH_3和一个—NH_2，可与多种有机化合物反应生成具有新特性的高分子聚合物。早在 1997 年，A. Yoshino 就对 APTES 和 ROH 化合物之间的作用进行了研究，发现 APTES 分子中的三个乙氧基容易和羟基结合形成新的 Si—O—R 键。Lixin Zhang 利用 APTES 对氧化石墨烯进行改性，APTES 的乙氧基与氧化石墨烯分子中的—OH 缩合得到新的聚合物复合材料，其热力学性质、机械强度等性能得到了提高。Mohammadtaghi V. 利用 APTES 和具有多羟基结构的壳聚糖反应得到聚合物，对染料 Blue4 的吸附性能较改性前提高了约 40%，该文献通过对吸附剂的红外表征说明，APTES 与壳聚糖反应之后，乙氧基特征峰消失，但是仍可以观察到 N—H 的特征峰，说明 APTES 的烷氧基与壳聚糖的—OH 之间发生了反应。Gulsah Ozan Aydin 以环己烷二甲醇和三乙氧基硅烷为原料，在 160℃条件下利用压力管作为反应器合成的有机硅凝胶聚酯，对二氯甲烷和四氢呋喃的溶胀度分别为 1060%和 868%，Gulsah Ozan Aydin 对聚碳酸酯树脂结构进行了研究，证明了硅烷分子中的乙氧键和环己烷二甲醇分子中的—OH结合形成了交联结构。Soner Kizil利用1,3-苯二甲醇和三乙氧基硅烷进行缩聚合成的凝胶型聚合物，对不同有机溶剂的溶胀度为50%～725%。从以上文献可以看出：有机硅氧烷类化合物可以和含有—OH的物质发生缩聚反应；多羟基化合物与多烷氧基硅氧烷会发生连续的缩聚反应，实现链增长；硅氧烷中如果有氨基存在，与羟基的反应中烷氧基优先；多烷基硅氧烷类凝胶对有机溶剂具有吸附性能。

本书所合成的线性聚碳酸酯PBC、PPC、PHC分子中含有—OH，可以与硅氧烷中的硅氧键结合得到新的聚合物。因为线性PBC、PPC、PHC的分子链较长，柔性更大，聚合之后形成凝胶的可能性较大。所以本章的研究思路如下：以线性聚碳酸酯PBC、PPC、PHC作前驱体，为聚碳酸酯树脂提供前驱体，与APTES进行聚合，在一定真空度的条件下合成凝胶型聚碳酸酯树脂，对树脂在有机溶剂中的溶胀度、吸附动力学、稳定性等进行研究，并将其用于低浓度双酚A水溶液的处理。

5.2 实验部分

5.2.1 主要实验仪器和药品

药品3-氨丙基三乙氧基硅烷(APTES)纯度为98%，购买自Alddin Chemistry Co.。所涉及的其他药品和仪器规格型号见第2章的实验部分。如果没有特殊说明，实验过程中所使用的药品和试剂均未进行进一步的纯化处理。

5.2.2 分析与表征方法

本章所涉及的FT-IT、TG、PXRD、SEM、固体^{13}C NMR等表征测试方法与前部分章节相同，在此不再重复说明。元素分析使用德国elementar公司的vario MICRO CUBE元素分析仪进行测试。固体^{29}Si核磁使用瑞士布鲁克公司型号为AVANCE 400(SB)的全数字化核磁共振谱仪进行测定。

5.2.3 基于 APTES 的交联结构聚碳酸酯树脂的合成

5.2.3.1 PBC-APTES 的合成

(1) PBC、PPC、PHC 的合成方法以及表征分析在第 2 章中进行了详细的叙述。本章以线性聚碳酸酯 PBC、PPC、PHC 作为前驱体与 APTES 进行缩聚反应，合成交联结构凝胶型聚碳酸酯树脂 PBC-APTES、PPC-APTES、PHC-APTES，合成过程如图 5.1 所示。

(2) PBC-APTES 的合成

实验以 50mL 支口烧瓶作为反应器，采用磁力搅拌的方式。准确称量已经制备好的 PBC 1.5g($M_w=16000$)，3-氨丙基三乙氧基硅烷 APTES 0.36mL (1.5mmol)，乙醇钠 5.0mg(APTES 摩尔含量的 5%)，加入反应器中。使用 Schlenk 双排管系统对反应器进行三次抽真空和充 N_2的操作，充分排除反应器中的空气，对其进行密封。将反应器置于 130℃ 的油浴锅中，均匀搅拌，反应 4h。然后逐渐降低反应器内的压力至 0.01MPa，升高温度至 160℃，同时，将聚合反应脱除的小分子物质以及未完全反应的原料经真空装置与反应体系进行分离。体系变为淡黄色凝胶状后，结束反应。所得的产物用氯仿洗涤后，置于 100℃ 的干燥箱中烘干 24h，得到淡黄色颗粒状聚碳酸酯树脂 PBC-APTES，产率为 69.4%。

5.2.3.2 PPC-APTES 的合成

实验以 50mL 支口烧瓶作为反应器，采用磁力搅拌的方式。准确称量已经制备好的 PPC 1.5g($M_w=10000$)，3-氨丙基三乙氧基硅烷 APTES 0.36mL (1.5mmol)，乙醇钠 2.0mg(APTES 摩尔含量的 2%)，加入反应器中。使用 Schlenk 双排管系统对反应器进行三次抽真空和充 N_2的操作，充分排除反应器中的空气，对其进行密封。将反应器置于 130℃ 的油浴锅中，均匀搅拌，反应 7h。然后逐渐降低反应器内的压力至 0.01MPa，升高温度至 160℃，同时，将聚合反应脱除的小分子物质以及未完全反应的原料经真空装置与反应体系进行分离，直至体系变为淡黄色凝胶状后，结束反应。将所得产物用氯仿洗涤后，置于 100℃的干燥箱中烘干 24h，得到淡黄色颗粒状聚碳酸酯树脂 PPC-APTES，产率为 59.2%。

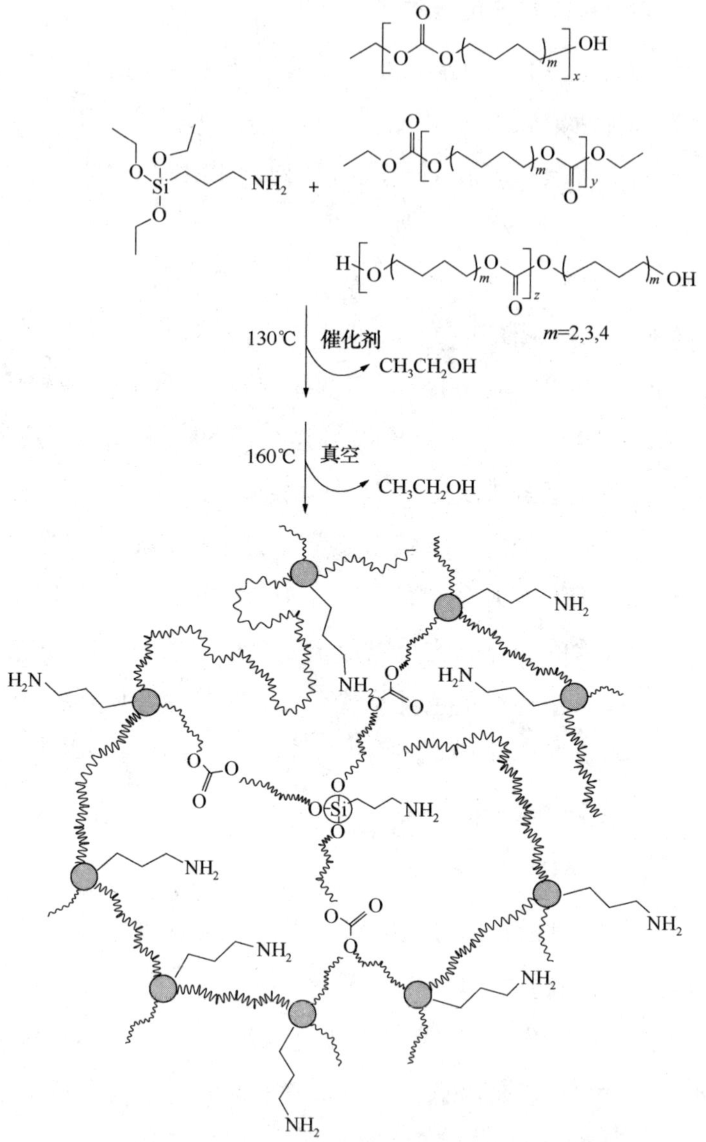

图 5.1　聚碳酸酯树脂 PBC-APTES、PPC-APTES、PHC-APTES 的合成路线图

5.2.3.3　PHC-APTES 的合成

实验以 50mL 支口烧瓶作为反应器，采用磁力搅拌的方式。准确称量已

经制备好的 PHC 1.5g($M_w = 6000$),3-氨丙基三乙氧基硅烷 APTES 0.36mL(1.5mmol),乙醇钠 2.0mg(2mol%),加入反应器中。使用 Schlenk 双排管系统对反应器进行三次抽真空和充 N_2 的操作,充分排除反应器中的空气,对其进行密封。将反应器置于 150℃的油浴锅中,均匀搅拌,反应 9h。然后逐渐降低反应器内的压力至 0.01MPa,升高温度至 160℃,同时,将聚合反应脱除的小分子物质以及未完全反应的原料经真空装置与反应体系进行分离,直至体系变为淡黄色凝胶状后,结束反应。所得的产物用氯仿洗涤后,置于 100℃的干燥箱中烘干 24h,得到淡黄色颗粒状聚碳酸酯树脂 PHC-APTES,产率为 60.8%。

5.2.4 溶胀吸附性能研究方法

聚碳酸酯树脂 PBC-APTES、PPC-APTES、PHC-APTES 对氯仿等有机溶剂具有较好的溶胀吸附性能,通过考察树脂的凝胶含量、溶胀度、吸附及解吸动力学、温度对溶胀度的影响、重复使用性、稳定性、低浓度 BPA 的吸附等特性,对该聚碳酸酯树脂的溶胀吸附行为进行研究,测试方法与第 3 章实验部分所述相同。

5.3 结果与讨论

5.3.1 聚碳酸酯树脂凝胶含量的测定

聚碳酸酯树脂 PBC-APTES、PPC-APTES、PHC-APTES 具有交联结构,外观呈凝胶状。树脂的凝胶含量按照实验部分中所述的方法,去除未交联组分后进行测定。不同聚碳酸酯树脂的凝胶含量见表 5.1 第 4 列 GF 部分。从表中的数据可以看出,APTES 的用量不同,凝胶含量的高低也不同。从表 5.1 可以看出,在 PBC-APTES 体系中,3mmol APTES 与 1g PBC 反应无法交联形成凝胶状聚碳酸酯树脂。当 APTES 的用量减少为 2mmol 时,PBC-APTES-1 的凝胶含量为 79.2%,随着 APTES 用量的减少,凝胶含量随之减少。当 APTES 的用量减小至 1mmol 时,也不能发生交联得到凝胶类聚碳酸酯树脂，所得产物为无溶胀性能的淡黄色固体。也就是说交联剂用量对聚碳酸酯树脂的形成和凝胶含量的大小有重要的影响，交联剂用量过多或者过少均不利于凝胶结构的形成，所合成凝胶型聚碳酸酯树脂的凝胶含量随交联剂APTES用量的增加而增加。相同投料比和反应条件下，PBC-APTES体系的凝胶含量大于PPC-APTES和PHC-APTES。这是因为，前驱体重复单元的碳原子个数越多(PBC、PPC、PHC重复单元碳原子个数分别为5、6、7)，其端基活性降低，交联反应越困难，所以聚碳酸酯树脂的凝胶含量低。

5.3.2 聚碳酸酯树脂的溶胀行为研究

5.3.2.1 交联剂用量对聚碳酸酯树脂溶胀度的影响

交联剂APTES用量不同，所得聚碳酸酯树脂的溶胀度不同。不同原料比合成的聚碳酸酯树脂PBC-APTES、PPC-APTES、PHC-APTES的溶胀度见表5.1 Q部分。当PBC、PPC、PHC的用量为1g，APTES的用量为1.5mmol时，所得聚碳酸酯树脂的溶胀度最高，其中，对氯仿的溶胀度分别为549%、621%、753%。

表5.1 树脂的凝胶含量和溶胀度 Q 列表

样品	PBC(PPC/PHC)含量/g	APTES含量/mmol	GF/%	Q/%
PBC-APTES-0	1	3	—	—
PBC-APTES-1	1	2.5	79.2	299
PBC-APTES-2	1	2	73.3	330
PBC-APTES-3	1	1.5	69.1	549
PBC-APTES-4	1	1	—	—
PPC-APTES-1	1	2.5	71.0	126
PPC-APTES-2	1	2	65.7	394
PPC-APTES-3	1	1.5	61.3	621
PPC-APTES-4	1	1	—	—
PHC-APTES-1	1	2.5	69.6	306
PHC-APTES-2	1	2	62.7	534
PHC-APTES-3	1	1.5	58.6	753
PHC-APTES-4	1	1	—	—

交联剂 APTES 的用量与聚碳酸酯树脂交联度和交联结构伸缩性能有较大的关系，从而影响聚碳酸酯树脂的溶胀吸附性。相同前驱体合成的聚碳酸酯树脂中，交联剂用量大，交联点位增加，交联密度增大，所形成聚碳酸酯树脂的碳链有效伸展空间减小，溶胀度减小；交联剂用量过大，不能形成交联凝胶结构的聚碳酸酯树脂。但交联剂的用量过小，交联点位少，也无法交联形成凝胶聚碳酸酯树脂。所以，合适的交联剂用量对于聚碳酸酯树脂交联结构的形成以及溶胀度的大小影响显著。

5.3.2.2 在不同溶剂中的溶胀吸附性能

基于 APTES 的交联结构的聚碳酸酯树脂 PBC-APTES、PPC-APTES、PHC-APTES 对多种有机溶剂具有良好的吸附性能。实验选取氯仿、二氯甲烷、四氢呋喃、甲苯、苯、甲醇、乙醇、水作为吸附剂，除去聚碳酸酯树脂的未交联组分后，按照实验部分所述方法进行溶胀吸附性能测试。实验结果列于表 5.2 中。可以看出，不同聚碳酸酯树脂对不同有机溶剂表现出的溶胀度大小不同，并且在所有测试溶剂中都能够稳定存在，不发生溶解现象。整个体系中，聚碳酸酯树脂 PHC-APTES 的溶胀吸附性能最好，对氯仿的溶胀度为 753%。Soner Kizil 合成的含硅凝胶对二氯甲烷的溶胀度最好，溶胀度为 725%，与本书凝胶的最大溶胀度接近。树脂 PBC-APTES 的溶胀吸附性能最低，对氯仿的溶胀度为 549%，即随着柔性前驱体重复单元碳原子个数的增加，溶胀度提高，这可能是因为 PBC 和 PPC 的分子量较 PHC 大，碳链较长，高温条件下分子间会发生交联，长链被分隔为较小的网络间隔，柔性链的伸缩性能受到限制。PHC 的分子量相对较小，柔性链之间交联的可能性相对较小，吸附溶剂后的伸展空间与 PBC-APTES 和 PPC-APTES 相比较大，容纳溶剂的空间增大，溶胀度增加。

APTES 体系聚碳酸酯树脂对二氯甲烷、四氢呋喃、苯、甲苯等有机溶剂具有良好的吸附性能，对水、乙醇、甲醇的吸附性能极差，溶胀度只有 19%~45%，具有较高的选择吸附性。所以该体系聚碳酸酯树脂可应用于氯仿、二氯甲烷、四氢呋喃、苯、甲苯等有机溶剂的分离。

表 5.2 树脂在不同溶剂中的溶胀度

Q/% 样品 / 溶剂	PBC-APTES	PPC-APTES	PHC-APTES
蒸馏水	19	21	28
甲醇	27	36	33
乙醇	31	38	45
氯仿	549	621	753
二氯甲烷	221	265	284
四氢呋喃	207	223	244
甲苯	187	210	241
苯	148	169	180

附注：样品分别为表 5.1 中 PBC-APTES-3、PPC-APTES-3、PHC-APTES-3，测试温度为 25℃。

5.3.2.3 吸附和解吸动力学

本章所合成的聚碳酸酯树脂对氯仿的吸附效果最好，所以，吸附动力学实验选用氯仿作为溶剂，测定在不同时刻，聚碳酸酯树脂对氯仿的吸附量，以及达到饱和吸附量时所需要的时间。吸附动力学曲线如图 5.2 所示。由图可以看出，聚碳酸酯树脂对氯仿的吸附在约 50min 时达到平衡。在 25℃条件下，PBC-APTES、PPC-APTES、PHC-APTES 在氯仿中的最大溶胀度分别为 575%、641%、775%。

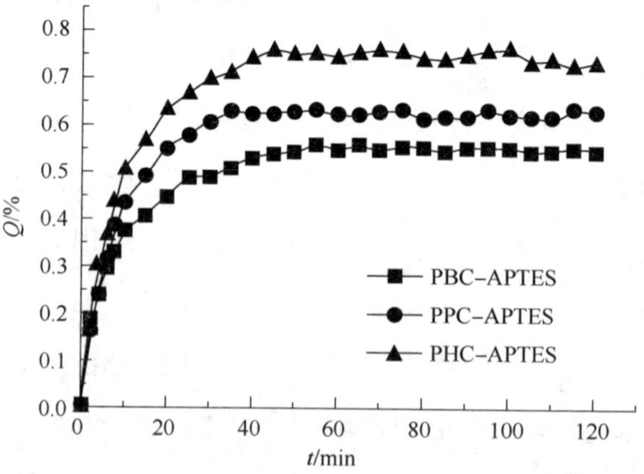

图 5.2 PBC-APTES、PPC-APTES、PHC-APTES 的吸附动力学曲线

动力学参数经过进一步处理后发现 t/Q_t 与时间 t 之间为线性关系，符合二阶动力学模型方程 $\frac{t}{Q_t}=\frac{1}{k_2Q_{max}^2}+\frac{1}{Q_{max}}t$，以时间 t 为横坐标，t/Q_t 为纵坐标绘制曲线见图 5.3，根据图 4.3 所计算出的动力学模型参数列于表 5.3 中。拟合优度 R 值大于 0.99，模型计算的最大吸附量与实验所得数值接近。

表 5.3　PBC(PPC/PHC)-BTB 和 OPB(P/H)DB 的动力学模型参数

吸附剂	K_2	Q_{max}/%(理论值)	Q_{max}/%(实验值)	R
PBC-APTES	4.60×10^{-7}	575	549	0.99921
PPC-APTES	7.06×10^{-7}	641	621	0.99930
PHC-APTES	3.59×10^{-7}	775	753	0.99838

附注：样品分别为表 5.1 中 PBC-APTES-3、PPC-APTES-3、PHC-APTES-3，测试温度为 25℃。

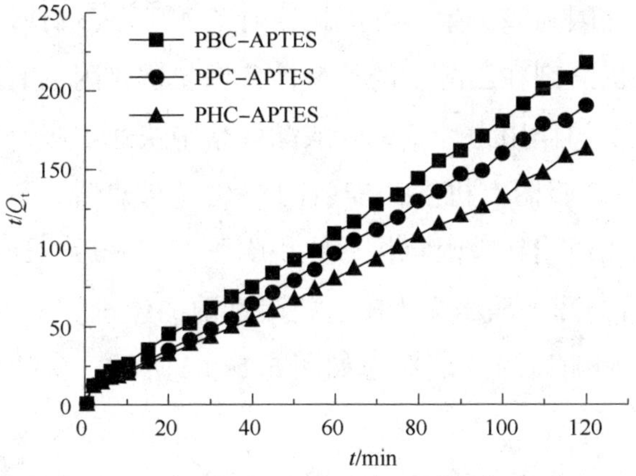

图 5.3　PBC-APTES、PPC-APTES、PHC-APTES 的 t-t/Q_t 曲线

吸附氯仿之后的聚碳酸酯树脂自然解吸曲线(对氯仿的保持率曲线)如图 5.4 所示。测试在室温敞开系统中，按照 5.2.4 所述的方法进行。从图 5.4 可以看出，聚碳酸酯树脂 PBC-APTES 的解吸速率最快，自然解吸 80min 时可以完全释放出所吸收的氯仿，PHC-APTES 的解吸时间最长，约为 120min。所以说，本体系聚碳酸酯树脂可在短时间内释放所吸附的溶剂，同时，对所吸附的溶剂仍具有良好的保持率，有利于溶剂的集中回收。

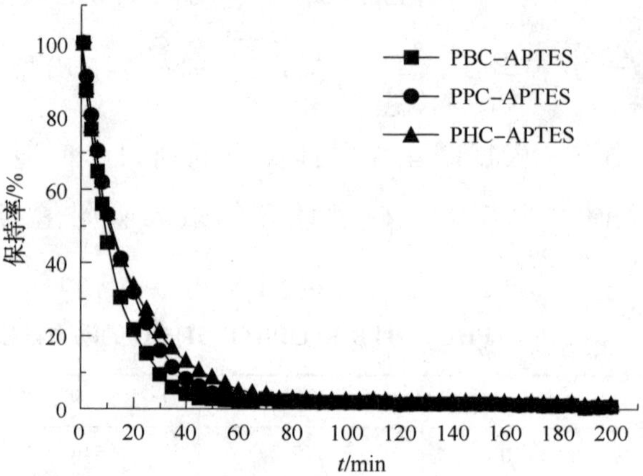

图 5.4　PBC-APTES、PPC-APTES、PHC-APTES 对氯仿的保持率曲线

将吸附有机溶剂(氯仿、二氯甲烷、四氢呋喃、苯、甲苯)后的聚碳酸酯树脂置于无水乙醇中发现，溶胀的聚碳酸酯树脂迅速塌缩，快速释放出所吸附的溶剂。这是因为该类聚碳酸酯树脂对乙醇几乎没有吸附性，聚碳酸酯树脂所吸附的有机溶剂在乙醇中的溶解性良好，被吸附的有机溶剂由于与乙醇之间较强的分子间作用力，从聚碳酸酯树脂中快速解吸。以聚碳酸酯树脂 PHC-APTES 为例，吸附有机溶剂前后的外观形态如图 5.5 所示。从图中可以看出，聚碳酸酯树脂在吸附氯仿后体积膨胀，溶胀后的聚碳酸酯树脂在乙醇中放置 1min 后，几乎缩小为吸附有机溶剂前的体积。聚碳酸酯树脂 PHC-APTES 在乙醇中塌缩后的外部形态如图 5.5(b)所示。该特性对有机溶剂的回收非常有利。

5.3.2.4　温度对溶胀吸附性能的影响

操作温度对聚碳酸酯树脂的溶胀度有较大的影响。APTES 体系聚碳酸酯树脂在不同温度下对氯仿的吸附趋势见图 5.6，溶胀度的具体数值列于表 5.4。由图 5.6 和表 5.4 可以看出，温度越低，聚碳酸酯树脂的吸附性能越好，5℃时，PHC-APTES 对氯仿的溶胀度高达 1082%，温度升高至 55℃时，溶胀度下降为 512%。所以，在分离污染物时应尽量在较低的温度下操作。

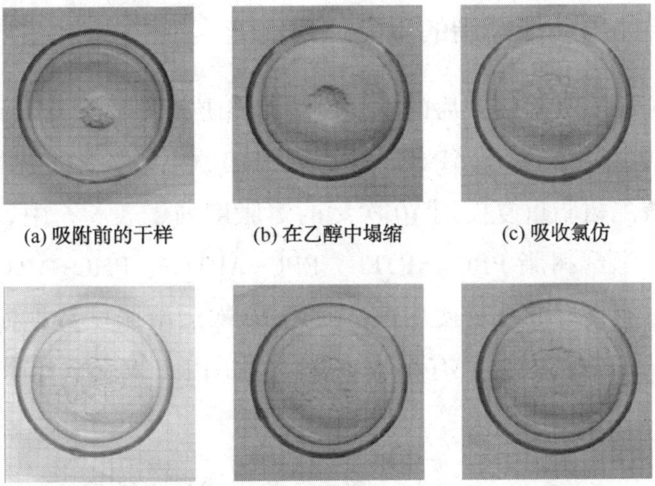

(a) 吸附前的干样　(b) 在乙醇中塌缩　(c) 吸收氯仿

(d) 吸收四氢呋喃　(e) 吸收苯　(f) 吸收甲苯

图 5.5　PHC-APTES 吸附溶剂前后的形态

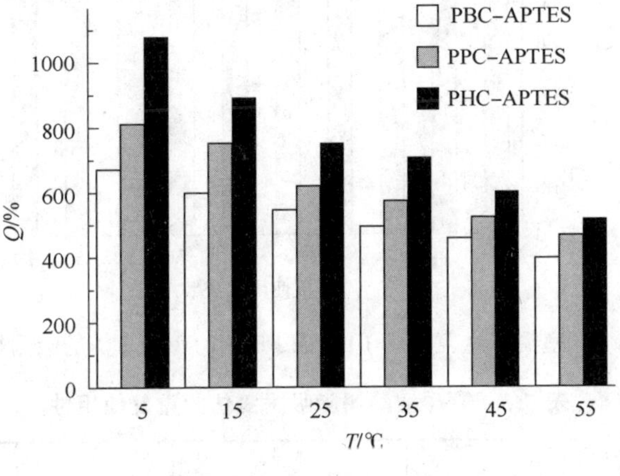

图 5.6　不同温度条件下 PBC-APTES、PPC-APTES、PHC-APTES 的溶胀度

表 5.4　不同温度条件下聚碳酸酯树脂在氯仿中的溶胀度

样品 \ T/℃	5	15	25	35	45	55
PBC-APTES	669	601	549	494	456	401
PPC-APTES	811	749	621	572	521	464
PHC-APTES	1082	892	753	707	630	512

附注：样品分别为表 5.1 中 PBC-APTES-3、PPC-APTES-3、PHC-APTES-3。

5.3.3 聚碳酸酯树脂的重复使用性能

聚碳酸酯树脂吸附溶剂后的重复使用性能研究按照 5.2.4 所述方法进行测试。聚碳酸酯树脂 PHC-APTES 重复使用 10 次后的溶胀度见图 5.7，本体系其他聚碳酸酯树脂重复使用 10 次后的溶胀度列于表 5.5 中。图表中的数据说明，聚碳酸酯树脂 PBC-APTES、PPC-APTES、PHC-APTES 在吸附有机溶剂中，具有良好的重复使用性。使用 10 次后溶胀度数据显示，多次使用对溶胀度的影响甚微，只有小幅下降，这是由于未交联组分去除不完全所致。

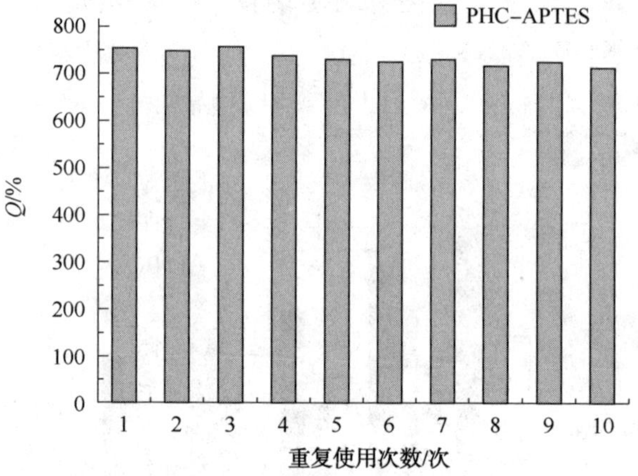

图 5.7 室温下重复使用 10 次的 PBC-BTB 对氯仿的吸附性能

表 5.5 聚碳酸酯树脂吸附氯仿的重复使用性

样品 \ T/h	1	2	3	4	5	6	7	8	9	10
PBC-APTES	533	541	535	526	510	511	509	501	491	505
PPC-APTES	619	621	616	601	614	608	598	591	583	589
PHC-APTES	753	749	757	741	730	726	730	718	724	716

附注：溶剂为氯仿，测试温度为 25℃。

5.3.4 聚碳酸酯树脂的稳定性

性能良好的吸附剂，稳定性能在其应用中是非常重要的因素之一。稳定性测试的实验方法如前文所述。图 5.8 展示了聚碳酸酯树脂在氯仿中浸泡 30d 的稳定性能。实验表明，聚碳酸酯树脂 PBC-APTES、PPC-APTES、PHC-APTES 均表现出良好的稳定性能。在氯仿中浸泡 30d 后，聚碳酸酯树脂的结构和溶胀性能几乎没有发生改变，但有较小的质量损失，这是由于未交联产物的分离不完全所致。图 5.13 为未使用过的 PHC-APTES 样品与稳定性测试后样品的红外谱图，可以看出，样品使用前后红外光谱的特征峰几乎完全重叠，这一点也可以说明使用前后聚碳酸酯树脂的结构没有发生改变。

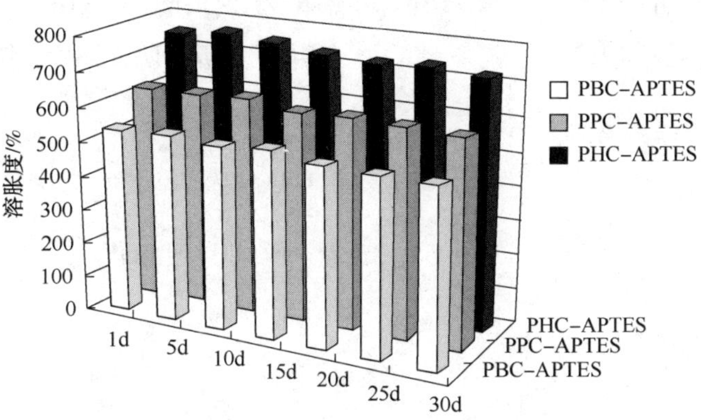

图 5.8　树脂在氯仿中 30d 的稳定性能

良好的稳定性能、高的溶胀度、稳定的重复使用率、对吸附质的良好保持度以及高的选择性都能够证明，基于 APTES 的交联结构聚碳酸酯树脂在有机溶剂的处理方面存在潜在的商业价值，是一种性能良好的吸附剂。

5.3.5　对低浓度双酚 A 的吸附性能研究

基于 APTES 的交联结构聚碳酸酯树脂对多种有机溶剂具有良好的吸附性能，同时对低浓度 BPA 也表现出优良的吸附性。对低浓度 BPA 的吸附性能测试方法以及标准曲线的绘制在前文已有描述。标准曲线方程为 $Y=0.2717X+0.0003$，Y 代表 BPA 的摩尔浓度，X 代表 BPA 的吸光度。通过紫外光谱扫描可知 PBC-APTES、PPC-APTES、PHC-APTES 体系聚碳酸酯树脂对低浓度 BPA 的水溶液具有良好的吸附性能，吸附 BPA 的紫外光谱如图 5.9 和图 5.10 所示。

图 5.9 表明，30mg 聚碳酸酯树脂 PBC-APTES、PPC-APTES、PHC-APTES 吸附 10mL 0.1mmol/L 的 BPA 1h 后，BPA 残余浓度大大降低，PBC-APTES 的吸附效率为 65.5%，PPC-APTES 的吸附效率为 75.7%，PHC-APTES 的吸附效率最高，可达为 76.9%。可以看出，重复单元中含有 7 个碳原子的 PHC 作为柔性链与 APTES 交联后，所得聚碳酸酯树脂的吸附性能与重复单元碳原子个数为 5 或 6 的聚碳酸酯树脂相比更高。这是因为 PHC 的分子量较 PBC 和 PPC 小，聚合度低，柔性碳链较短，与 APTES 交联聚合和，柔性链的折叠弯曲现象较 PBC 和 PHC 小，被吸附的 BPA 分子进入树脂内部的阻力小，与 BPA 形成氢键的概率更高，所以吸附效果较好。

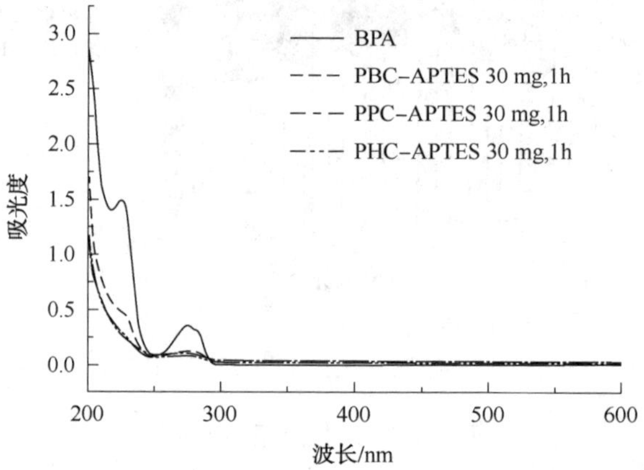

图 5.9　PBC-APTES、PPC-APTES、PHC-APTES 吸附 BPA 的紫外光谱图

实验选择吸附性能更好的聚碳酸酯树脂 PHC-APTES 为代表样品，进行 BPA 吸附动力学的研究。取 30mg 吸附剂对 BPA 水溶液进行不同时间的吸附性能测试，对吸附处理后的滤液进行紫外扫描，谱图见图 5.10，测试结果列于表 5.6。可以看出，聚碳酸酯树脂 PHC-APTES 对低浓度 BPA 的吸附效率随着吸附时间的增加而提高，吸附 30min 时的吸附效率为 60.8%，当吸附时间为 180min 时，吸附效率达到 86.1%，但是当吸附时间超过 180min，吸附效率开始下降，240min 的吸附效率降低为 74.4%，之后随着时间的增加吸附效率趋于稳定，这是因为 PHC-APTES 对 BPA 的吸附在 3h 时达到平衡，在达到吸附平衡之后，树脂开始吸附水分，导致吸附效率有所下降，当对水

分的吸附与对 BPA 的吸附达到平衡之后，吸附效率则趋于稳定。BPA 吸附动力学曲线如图 5. 11 所示。当 PHC-APTES 用量增加为 60mg 时，对 BPA 的吸附效率达到 94. 5%。

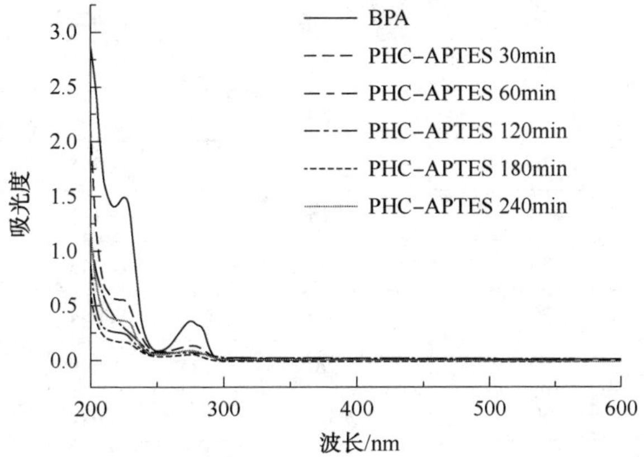

图 5. 10　PHC-APTES 在不同吸附时间内对 BPA 的吸附紫外光谱图

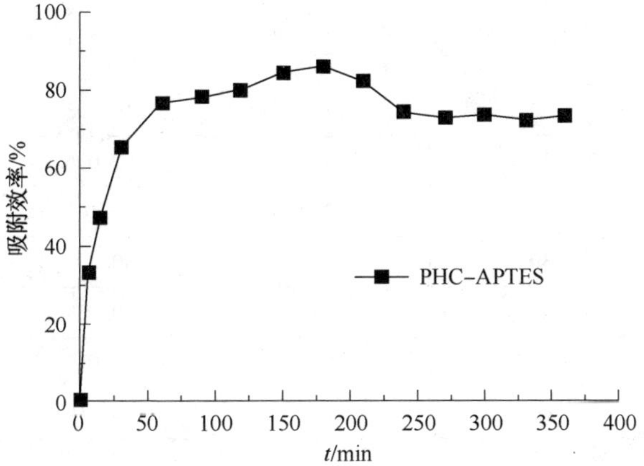

图 5. 11　PHC-APTES 吸附 BPA 的动力学曲线

通过对低浓度 BPA 的吸附性研究可以看出，聚碳酸酯树脂 PBC-APTES、PPC-APTES、PHC-APTES 对低浓度 BPA 具有优良的吸附性能。30mg PHC-APTES 的吸附 0. 1mmol/LBPA 1h 后，吸附效率为 86. 1%，残液浓度为 0. 0139mmol/L，0. 003g/L，将 BPA 的浓度降低了 10 余倍。60mg PHC-APTES 对 BPA 的吸附效率达到 94. 5%。可以看出，柔性前驱体重复单元的碳链越长，所得聚碳酸酯树脂的吸附性能越高，所以后期的研究工作可以尝试增加前驱体重复单元碳链的长度，摸索碳链长度对 BPA 吸附性能的影响，并引入新的氢键受体，开发吸附性能更加优良的吸附材料。

表 5.6 聚碳酸酯树脂 PHC-APTES 对 BPA 的吸附效率

样品	质量/g	吸附时间/min	吸光度	吸附效率/%
PBC-APTES	30	60	0.126	65.5
PPC-APTES	30	60	0.089	75.7
PHC-APTES	30	5	0.245	33.3
PHC-APTES	30	15	0.193	47.3
PHC-APTES	30	30	0.143	60.8
PHC-APTES	30	60	0.084	76.9
PHC-APTES	30	90	0.079	78.2
PHC-APTES	30	120	0.072	80.1
PHC-APTES	30	150	0.055	84.7
PHC-APTES	30	180	0.050	86.1
PHC-APTES	30	210	0.064	82.2
PHC-APTES	30	240	0.093	74.4
PHC-APTES	30	270	0.098	72.8
PHC-APTES	30	300	0.096	73.6
PHC-APTES	30	330	0.101	72.2
PHC-APTES	30	360	0.097	73.3
PHC-APTES	40	180	0.039	89.1
PHC-APTES	50	180	0.026	92.6
PHC-APTES	60	180	0.019	94.5

附注：样品为表 5.1 中 PBC-APTES-3、PPC-APTES-3、PHC-APTES-3，测试温度为 25℃。

5.3.6 聚碳酸酯树脂的表征和分析

5.3.6.1 聚碳酸酯树脂的 FT-IR 分析

利用多臂结构的 3-乙氨基三乙氧基硅烷(APTES)作为交联剂，与 PBC、PPC、PHC 进行缩聚，合成不同碳链长度的、具有交联结构的凝胶型聚碳酸酯树脂 PBC-APTES、PPC-APTES、PHC-APTES。所合成的聚碳酸酯树脂均不溶于实验室常见的有机溶剂，在无机的强酸强碱溶液中能够长期稳定存在，其性状不发生改变。在氯仿、二氯甲烷、四氢呋喃等溶剂中发生溶胀现象，所以结构的表征较为困难，红外谱图中是否存在特征官能团对聚碳酸酯树脂结构的说明就显得尤为重要。聚碳酸酯树脂的红外数据如下，光谱图如图 5.12 和图 5.13 所示。

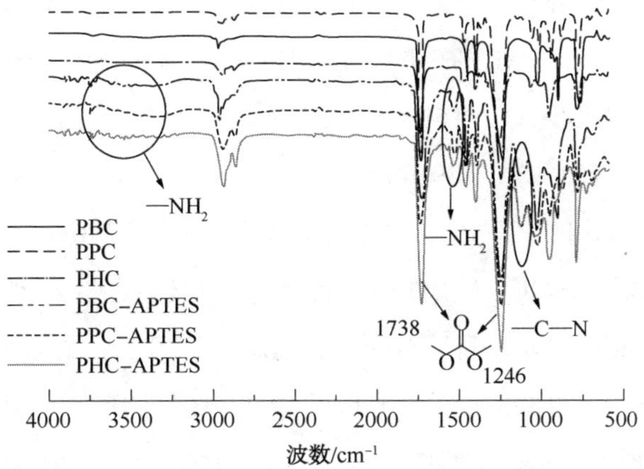

图 5.12 聚碳酸酯树脂 PBC(PPC/PHC)-APTES 的红外谱图

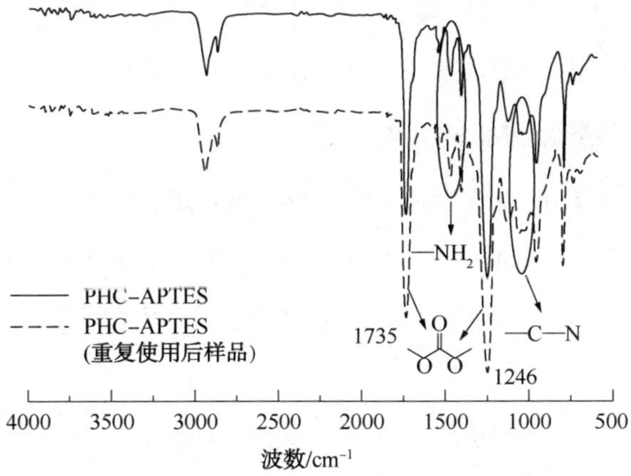

图 5.13 重复吸附使用前后 PHC-APTES 的红外光谱图

PBC-APTES 的 FT-IR(KBr, cm^{-1}): ν = 3745(w), 2968(w), 2875(w), 1711(s), 1543(w), 1456(w), 1400(w), 1246(s), 1135(w), 1026(w), 904(w), 790(m)。

PPC-APTES 的 FT-IR(KBr, cm^{-1}): ν = 3749(w), 2939(w), 2867(w), 1738(s), 1543(w), 1466(w), 1404(w), 1246(s), 1127(w), 1030(w), 949(w), 791(m)。

PHC-APTES 的 FT-IR(KBr, cm^{-1}): ν = 3745(w), 2939(m), 2867(w), 1738(s), 1543(w), 1469(w), 1402(w), 1246(s), 1127(w), 1019(w), 955(w), 789(m)。

重复使用后 PHC-APTES 的 FT-IR(KBr, cm^{-1}): ν = 3745(w), 939(m), 2867(w), 1735(s), 1533(w), 1469(w), 1402(w), 1246(s), 1127(w), 1019(w), 955(w), 789(m)。

以 PHC-APTES 的 FT-IR 为例，在 1738cm^{-1}和 1246cm^{-1}处出现强的信号峰，分别是由酯基—OC(O)O—的伸缩振动和变形振动所引起的。在 2993cm^{-1}和 789cm^{-1}处弱的响应峰可能是由—CH_2的伸缩振动和变形振动所引起。在 3745cm^{-1}和 1533cm^{-1}处出现的极弱的信号峰则可能是—NH_2的伸缩振动和变形振动所致。聚碳酸酯树脂 PBC-APTES 和 PPC-APTES 的红外光谱数据与 PHC-APTES 的类似。结合红外谱图以及凝胶的物理性质可以说明，PBC、PPC、PHC 与 APTES 的硅氧键之间发生反应，得到了具有交联结构的聚碳酸酯树脂，APTES 中的-NH_2未参与反应。

5.3.6.2 聚碳酸酯树脂的元素分析

APTES 体系聚碳酸酯树脂的元素分析结果如下：

PBC-APTES：N，1.62%；C，48.7%；H，6.787%；

PPC-APTES：N，2.30%；C，50.16%；H，7.554%；

PHC-APTES：N，2.01%；C，53.29%；H，7.938%。

由于聚碳酸酯树脂结构复杂，分子量无法确定，所以理论元素含量无法计算，但是 APTES 的理论元素含量为 N，3.85%；C，59.46%；H，11.37%，APTES 体系的交联结构聚碳酸酯树脂，N 元素含量为 1.62%~2.30%，说明聚碳酸酯树脂结构中的—NH_2仍然存在。由于聚合之后的聚碳酸酯树脂分子量增加，所以 N 元素含量减少。结合红外数据可以推测，PBC、PPC、PHC 应该是与 APTES 中的硅氧键发生了反应。

5.3.6.3 固体核磁共振碳谱^{13}C NMR和硅谱^{29}Si NMR分析

APTES体系聚碳酸酯树脂的结构可通过固体^{13}C和^{29}Si核磁进行分析。选择聚碳酸酯树脂PHC-APTES为代表样品进行固体硅谱和碳谱的测定。图5.14为PHC-APTES ^{13}C NMR的谱图。谱图中，156.7化学位移处为羰基碳—O*C*(O)O—的信号峰，69.7化学位移处的峰为—*C*—O—Si—中碳原子的响应峰，35.7-21.1化学位移处为—CH_2—或—CH_3的响应峰。图5.15为^{29}Si NMR的谱图，谱图中67.3化学位移处的响应峰是—*Si*—CH_2O—所引起的。^{13}C和^{29}Si核磁清晰地说明了聚碳酸酯树脂PHC-APTES确实是由单体APTES(交联剂)和前驱体PHC聚合所得。

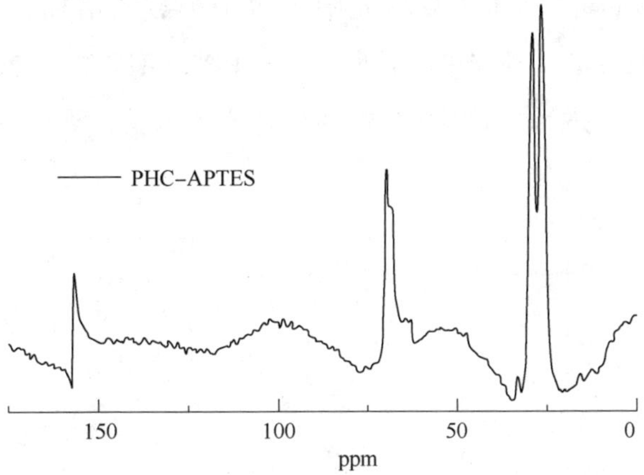

图5.14 PHC-APTES的固体^{13}C核磁

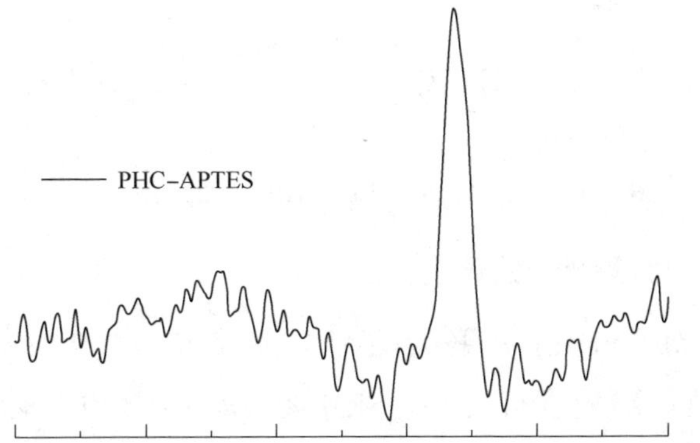

图5.15 PHC-APTES的固体^{29}Si核磁

5.3.6.4 聚碳酸酯树脂的热重分析(TG)

聚碳酸酯树脂 PBC-APTES、PPC-APTES、PHC-APTES 的热分解曲线如图 5.16 所示。三类聚碳酸酯树脂在 170℃以内均表现出良好的热稳定性能。从图 5.14 可以看出，聚碳酸酯树脂 PBC-APTES 的初始分解温度为 173℃，于 555℃完全分解；PPC-APTES 的初始分解温度为 196℃，于 559℃完全分解；PHC-APTES 的初始分解温度为 220℃，于 564℃完全分解。

由热重分析数据可以看出，所合成的聚碳酸酯树脂中 PHC-APTES 的初始分解温度比 PPC-APTES 的初始分解温度高约 23℃，比 PBC-APTES 约高 47℃。该体系中随着前驱体重复单元中碳原子个数的增加，分解温度升高。同样，PHC-APTES 的完全分解温度略高于 PBC-APTE 和 PPC-APTE 的完全分解温度，所以前驱体结构中重复单元的碳链越长，聚碳酸酯树脂的热稳定性越好。

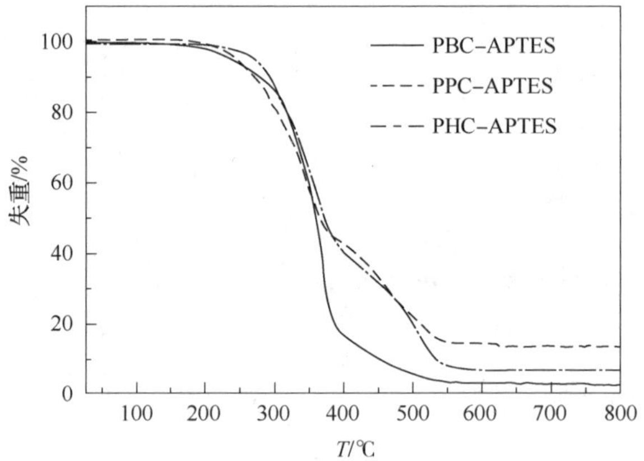

图 5.16 PBC(PPC/PHC)-APTES 的热重曲线

5.3.6.5 聚碳酸酯树脂的形貌特征

通过扫描电镜(SEM)对聚碳酸酯树脂 PBC-APTES、PPC-APTES、PHC-APTES 的具体形貌进行观测。SEM 图片如图 5.17 所示，在放大 3000 倍到 10000 倍的条件下，能够观察到孔隙的存在，孔尺寸在 20~400nm 的范围内。与第 2 章和第 3 章 BTB、BTM 体系的无孔聚碳酸酯树脂对比，交联剂

APTES 具有一定的柔性，与前驱体 PBC、PPC、PHC 聚合后，链的扭转和伸展性好，交联后发生长链重叠堆积的可能性降低，所以，通过 SEM 能够观测到孔的存在。

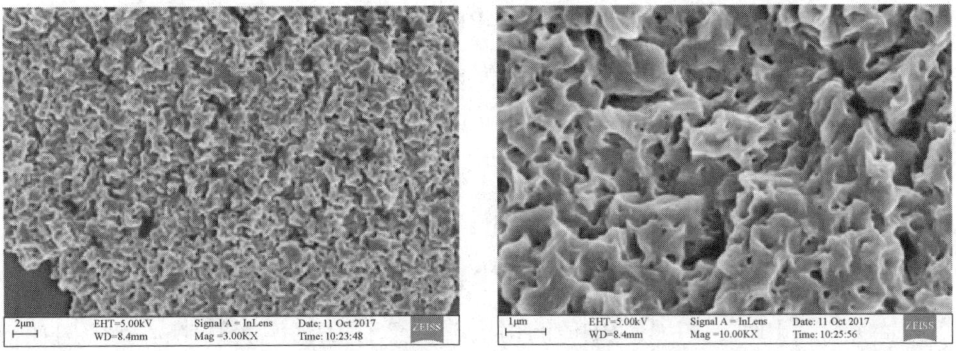

PBC-APTES

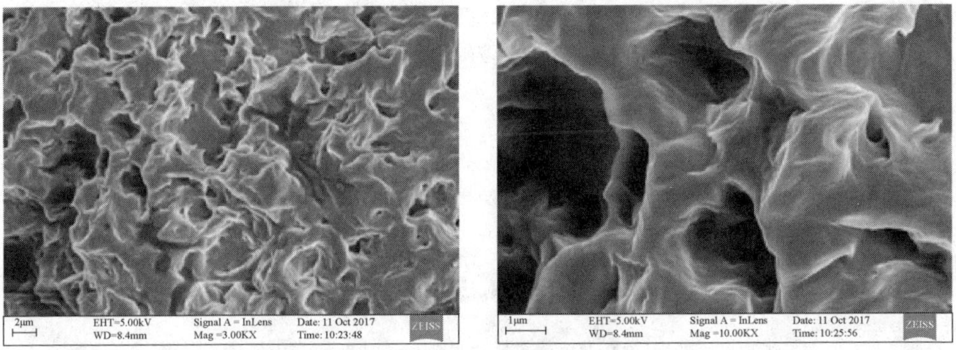

PPC-APTES

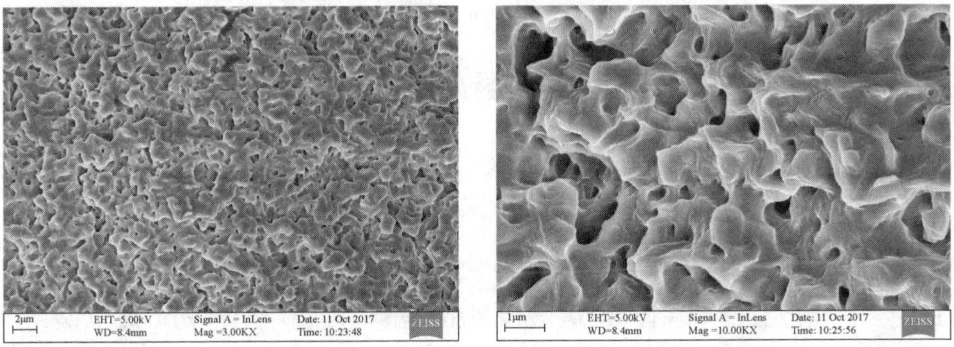

PHC-APTES

图 5.17　PBC-APTES、PPC-APTES、PHC-APTES 的 SEM 照片

5.3.6.6 聚碳酸酯树脂的粉末衍射分析(PXRD)

聚碳酸酯树脂 PBC-APTES、PPC-APTES、PHC-APTES 的 PXRD 谱图如图 5.18 所示。从图中可以看出：PBC-APTES 在 2θ 角为 21.1°、21.7°、24.5°处出现较强的尖峰，与第 2 章 PBC 的衍射峰位置基本相同，43.9°、64.2°、77.4°出强度小的尖峰。PPC-APTES 在 2θ 角为 20.9°、21.8°、22.8°、25.3°处出现较强的尖峰，与 PPC 的出峰位置基本相同，在 43.9°、64.2°和 77.5°处出现强度较小尖峰。PHC-APTES 在 2θ 角为 19.9°和 23.3°处出现较强的衍射峰，与 PHC 的出峰位置基本相同，在 43.9°、64.4°、77.5°处同样出现三个尖峰。APTES 体系聚碳酸酯树脂的 PXRD 谱图显示，线性聚碳酸酯 PBC、PPC、PHC 的衍射峰仍然存在，说明其半晶型结构在与 APTES 聚合之后没有被破坏。三类聚碳酸酯树脂在 43.9°~77.5°规律性出现的三个尖峰应该是聚碳酸酯树脂中 APTES 单元的衍射峰。

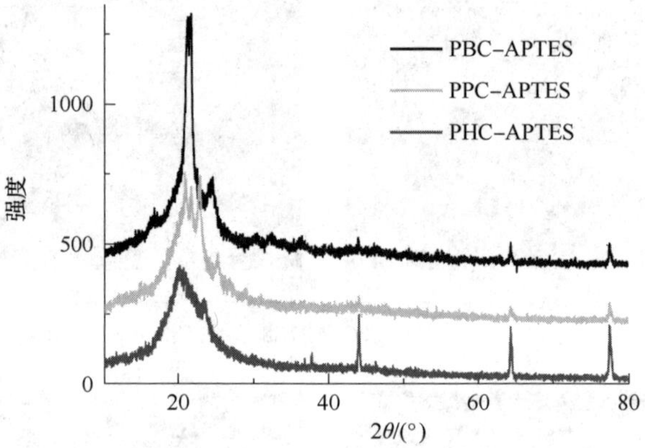

图 5.18 PBC-APTES、PPC-APTES、PHC-APTES 的 PXRD 谱图

5.3.7 可能的溶胀吸附机理

APTES 体系聚碳酸酯树脂在有机溶剂中的溶胀现象同样可以用 FR 理论和氢键吸附理论进行解释。聚碳酸酯树脂与溶剂接触初期首先形成氢键，进而产生一定的化学势差和渗透压差，在此推动力的作用下发生树脂的自溶胀现象，树脂结构中的柔性链伸展，容纳空间增大，直至达到平衡。SEM 测试

说明 APTES 体系聚碳酸酯树脂具有孔结构，增加了溶剂与聚碳酸酯树脂接触的表面积，有利于吸附过程的进行。

与 BTB 和 BTM 体系的聚碳酸酯树脂相比，APTES 体系的聚碳酸酯树脂在有机溶剂中的溶胀度明显降低，这是因为 BTB 和 BTM 分子中含有苯环结构，交联结构以刚性苯环为中心向外扩张，对称的三臂结构使得聚碳酸酯树脂的交联结构分布更均匀，柔性链不易发生缠绕，交联密度小。而 APTES 的刚性与 BTB 和 BTM 相比较小，柔性链发生缠绕扭曲现象，导致聚碳酸酯树脂的交联密度增大，所以，APTES 体系聚碳酸酯树脂的溶胀度小。但是，在 BPA 的吸附方面，该体系的聚碳酸酯树脂表现更优，其中，PHC-APTES 对 BPA 的吸附效率可达 94%以上，这是因为，聚碳酸酯树脂 PHC-APTES 结构中存在两种氢键受体，来源于交联剂 APTES 中的—NH_2和前驱体中的羰基，二者均可与 BPA 分子中的—OH 形成氢键，而且 APTES 结构刚性小，BPA 与聚碳酸酯树脂形成氢键的位阻小，所以 APTES 体系的聚碳酸酯树脂对 BPA 的吸附性能提高。对双酚 A 的吸附模型如图 5.19 所示。

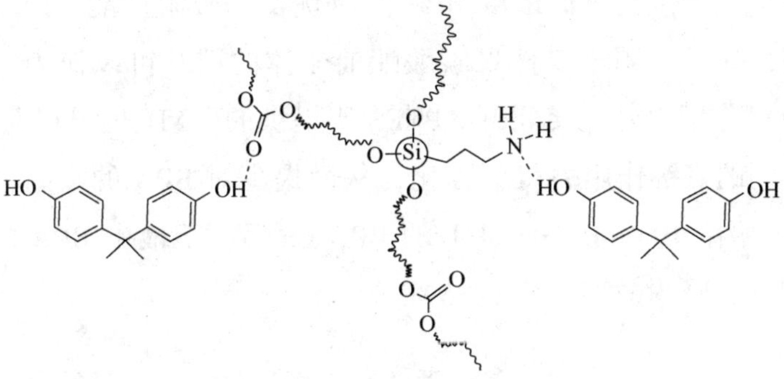

图 5.19　APTES 体系树脂吸附双酚 A 的模型

5.4　本章小结

(1) 利用聚碳酸酯 PBC、PPC、PHC 为柔性长链，APTES 为交联中心，缩聚合成了新型的交联结构聚碳酸酯树脂 PBC-APTES、PPC-APTES、PHC-APTES。通过红外扫描、固体核磁^{13}C 和^{29}Si、元素分析对聚碳酸酯树脂的结构进行了表征和分析，说明 APTES 体系聚碳酸酯树脂是由单体 APTES（交联剂）中的烷氧基与线性聚碳酸酯 PBC、PPC、PHC 发生反应所得。电镜显示树脂存在孔结构，孔径为 20~400nm。

（2）聚碳酸酯树脂 PBC-APTES、PPC-APTES、PHC-APTES 对氯仿、二氯甲烷、四氢呋喃、甲苯、苯等有机溶剂具有一定的吸附作用。PHC-APTES 对氯仿的溶胀度达到 753%，对二氯甲烷的溶胀度为 284%，四氢呋喃为 244%，苯为 180%，甲苯为 241%，与文献中同类聚碳酸酯树脂的溶胀度接近。对水和乙醇的溶胀度分别为 28%和 33%，说明 APTES 体系聚碳酸酯树脂具有较好的吸附选择性。该体系聚碳酸酯树脂在 80~250min 完全自然解吸所吸附的溶剂，对所吸附的溶剂具有良好的保持率，吸附溶剂后的聚碳酸酯树脂在乙醇中能够迅速塌缩，释放出有机溶剂，有利于被吸附溶剂的收集。聚碳酸酯树脂经过 10 次反复使用后，其吸附性能和结构保持不变，重复使用性能良好。在溶剂中浸泡 30 天后的性质稳定。聚碳酸酯树脂的初始分解温度大于 170℃，热稳定性能良好。

（3）聚碳酸酯树脂对低浓度 BPA 具有优良的吸附性能。由于聚碳酸酯树脂结构中，除了来源于线性聚碳酸酯前驱体的羰基可以作为氢键受体与 BPA 产生氢键作用力外，交联剂 APTES 所提供的—NH_2也可以与 BPA 分子形成氢键，弱的氢键作用力得到强化，从而提高对 BPA 的吸附性能。60mg PHC-APTES 吸附 10mL 0.1mmol/L 的 BPA 6h 后，溶液中 BPA 的浓度降为 0.0054mmol/L，吸附效率约为 94.5%。

参 考 文 献

[1] Maddox P. H., Jenkins D.. 3-Aminopropyltriethoxysilane(APES): A New Advance in Section Adhesion[J]. Journal Clinical Pathology, 1987, 40: 1256-1260.

[2] Zhang N., Wang B., Zhao C., et al. Dual Cross-linked Organic-inorganic Hybrid Polymer Electrolyte Membranes Based on Quaternized Poly(ether ether ketone) and (3-aminopropyl) triethoxysilane[J], Journal of Power Sources, 2015, 275: 815-822.

[3] Ge J. L., Cui S. L., Qin Y. Y., et al. Research on APTES-modified Montmorillonite and Adsorption of Methylene Blue[J]. Ge J. New Chemical Materials, 2015, V(43)7: 151-153.

[4] Yoshino A., Okabayashi H., Shimizu I., et al. Kinetics of Interaction of 3-aminopropyltriethoxysilane with Silica Gel Using Elemental Analysis and ^{29}Si NMR Spectra[J]. Collid Polymer Science, 1997, 275: 672-680.

[5] Zhang L., Jiao H. Q., Jiu H. F., et al. Thermal, Mechanical and Electrical Properties of Polyurethane/(3-aminopropyl) Triethoxysilane Functionalized Graphene/epoxyresin Interpenetrating Shape Memory Polymer Composites[J], Composites: Part A, 2016, 90: 286-295.

[6] Vakili M., Rafatullah M., Salamatinia B., et al. Elimination of Reactive Blue 4 from Aqueous Solutions Using 3-aminopropyl Triethoxysilane Modified Chitosan Beads[J]. Carbohydrate Polymers, 2015, 132: 89-96.

[7] Vakili M., Rafatullah M., Ibrahim M. H., et al. Enhancing reactive blue 4 adsorption through chemical modification of chitosan with hexadecylamine and 3-aminopropyl triethoxysilane[J]. Journal of Water Process Engineering, 2017, 15: 49-54.

[8] Aydin G., O., Sonmez H. B.. Hydrophobic Poly(alkoxysilane) Organogels as Sorbent Material for Oil Spill Cleanup[J], Marine Pollution Bulletin, 2015, 96: 155-164.

[9] Kizil S., Karadag K., Aydin G. O., et al. Poly (alkoxysilane) Reusable Organogels for Removal of Oil/organic Solvents from Water Surface[J]. Journal of Environmental Management, 2015, 149: 57-64.

[10] Dantas P. A., Botaro V. R.. Synthesis and Characterization of a New Cellulose Acetate-Propionate Gel: Crosslinking Density Determination[J]. Open Journal of Polymer Chemistry, 2012, 2: 144-151.

[11] Li J. Z., Yao K. D.. Adsorption from Aqueous Solution Based on the Synergism between Hydrogen Bonding and Hydrophobic Interactions[J]. Journal of Applied Polymer Science, 2005, V(96): 841-845.

[12] Mardis K. L., Brune B. J., Vishwanath P., et al. Intramolecular versus Intermolecular Hydrogen Bonding in the Adsorption of Aromatic Alcohols onto an Acrylic Ester Sorbent[J]. The Journal of Physical Chemistry B, 2000, 104: 4735-4744.

[13] Quesada-Perez M., Maroto-Centeno J. A., Forcada J., et al. Gel Swelling Theories: the Classical Formalism and Recent Approaches[J]. Soft Matter, 2011, 7: 10536-10547.

[14] LI J., SUN J., SHI Z.. Hydrogen Binding Adsorption and its Prospect[J]. Ion Exchange And Adsorption, 2001, 17(6): 561-566.

6 基于1,3,5-苯三甲酰氯的交联结构聚碳酸酯的合成及其吸附性能研究

6.1 引言

前部分章节的研究工作，是在刚性的三臂结构单体上接以柔性的线性聚碳酸酯。柔性链的引入增加了骨架的柔韧度。分子链可以弯曲、扭转，生成具有交联结构的聚碳酸酯树脂，赋予聚碳酸酯树脂自溶胀的特性。如果以刚性较大或者短链的多羟基化合物单体取代柔性链，与三臂结构的化合物反应，由于链的可扭转和伸缩性受到限制，所得聚碳酸酯树脂的特性将发生改变，比如凝胶现象消失，具有孔结构等。这种利用有机单体合成的多孔结构聚合物具有热稳定性和化学稳定性高等特点，有望在能源、分离和吸附、储气、催化等领域发挥重要作用，是目前多孔高分子聚合物领域较为前沿的研究方向。Yeon-Im Jang 利用间苯三酚和对苯二甲酰氯和己二酰氯进行聚合，得到的有机共价聚合物具有热敏的特性。1,3,5-苯三甲酰氯(BTCAC)与BTB 或 BTM 结构相似，为对称的三臂结构，以活性高的酰氯为端基，可与羟基、氨基反应生成新化合物。本章将尝试缩短柔性链的长度，增加其刚性，与1,3,5-苯三甲酰氯(BTCAC)聚合，探索聚碳酸酯新的特性。Ruh Ullah 以1,4-二氧六环为溶剂，BTCAC 和对苯二酚或间苯三酚为原料，在

12～25℃条件下合成具有孔结构的聚碳酸酯，其比表面积分别为 5.4m^2/g 和 11.1m^2/g，孔体积分别为 0.110m^3/g 和 0.032m^3/g，作者将该聚碳酸酯用于 CO_2 气体吸附，吸附量分别为 0.283mmol/g 和 0.330mmol/g。Antonela C. Marele 利用 1,3,5－三(4－羟基苯基)苯和 BTCAC 在 1∶1 的摩尔比下进行缩聚反应，得到有机共价交联结构的聚碳酸酯。Sonia Zulfiqar 利用 BTCAC 和间苯三酚在室温下合成的聚碳酸酯，在 25℃条件下，对 CO_2 的吸附量为 0.23mmol/g。Fatemeh Tamaddon 以苯甲醇和苯酚的混合物与苯甲酰氯反应发现，苯酚并未参与反应，产物 100%为苯甲醇与苯甲酰氯的产物。Mona Hosseini Sarvari 在所发表的文献中报道了同样的反应规律。总结以上文献可知，多元酰氯类化合物可以和刚性较大的多羟基类化合物发生缩聚反应，生成的聚碳酸酯具有多孔结构；直接与苯环相连的酚羟基与苯环上的醇羟基相比，后者羟基的活性更高，更易与酰氯发生反应，二者同时在体系中存在时，酚羟基不参与反应。

本书拟采用刚性结构的多元醇 1,3,5－苯三甲醇(BTM)、1,4－苯二甲醇(BDM)、1,3,5－间三苯酚，线性脂肪族多元醇 1,3－丙二醇(1,3－PD)、1,4－丁二醇(BD)，1,5－戊二醇(PD)、1,6－己二醇(HD)，分别与 BTCAC 缩聚，合成具有交联结构的新型有机聚碳酸酯，对不同聚酯的特性进行表征，探讨不同单体结构对聚碳酸酯结构的影响，并将该体系的聚酯应用于低浓度双酚 A(BPA)的吸附。

6.2 实验部分

6.2.1 主要实验仪器和药品

表 6.1 中罗列了本章树脂的合成及后处理过程中，所用到主要化学试剂和药品的名称、纯度及药品的来源。如果没有特殊说明，实验过程中所使用的药品和试剂均未进行进一步的纯化处理。所涉及的药品和仪器未在该表中说明的，规格型号均见前面各个章节的实验部分。

表 6.1　主要实验药品和仪器

项　　目	含量	规格	生产商
1,3,5-苯三甲酰氯	≥99%	AR	Aldrich
1,4-苯二甲醇	≥99%	AR	Aldrich
1,3-丙二醇	≥99%	AR	Aldrich
三乙胺	≥99%	AR	天津富辰化学试剂有限公司
4-二甲氨基吡啶	≥99%	AR	Aldrich

6.2.2　分析与表征方法

本章所涉及的 FT-IR、TG、SEM、PXRD、固体核磁^{13}C等表征测试方法与第 2 章所述相同，在此不再重复说明。物理吸附测试采用 Micromeritics 公司型号为“ASAP 2020 HD88”的比表面积和孔径分析仪进行测试。取研磨后的样品 100~150mg，置于样品管中，在 150℃条件下脱气 6h，之后在液氮氛围下进行 N_2吸附测试。

6.2.3　脂肪族二元醇与 1,3,5-苯三甲酰氯二元聚合

以脂肪族二元醇 1,3-PD(1,3-丙二醇)、BD、PD、HD 为柔性伸展链段，分别与 BTCAC(1,3,5-苯三甲酰氯)发生缩聚反应，得到以刚性苯环为中心的且具有交联结构的新型聚碳酸酯。合成路线如图 6.1 所示。

6.2.3.1　1,3-PD-BTCAC 的合成

准确量取 1,3-PD 0.15mL(2.0mmol)，DMAP 0.0484g(0.4mmol)置于 250mL 反应瓶中，用移液枪量取 608μL TEA(三乙胺)溶于 50mL 无水 THF(四氢呋喃，THF 用 CaH 除水后，再蒸馏得到干燥的 THF)中，在 10~15℃的条件下，将其加入反应瓶中，缓慢搅拌至固体反应物完全溶解。称取 0.356g(1.34mmol)BTCAC(1,3,5-苯三甲酰氯)，溶于 50mL THF 中，缓慢滴加于反应物中，出现白色絮状沉淀，反应 1h 后，将体系温度升至 35℃，反应 24h。反应完毕后，过滤得到白色固体，将该固体分别用蒸馏水、醇、丙酮洗涤，最后在真空干燥器中干燥 24h，得到聚碳酸酯 1,3-PD-BTCAC，产率为 59.1%。

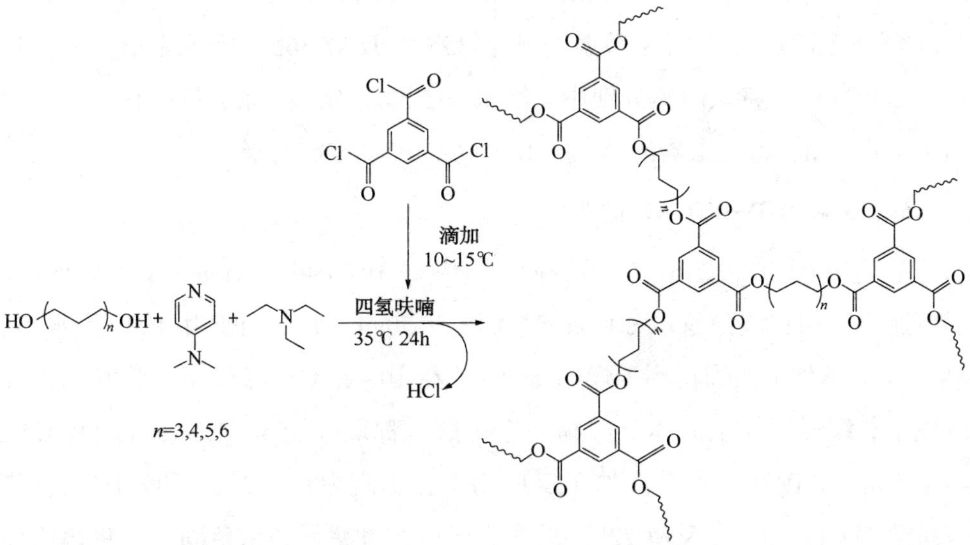

图 6.1 脂肪族二元醇与 BTCAC 二元聚合示意图

6.2.3.2 BD-BTCAC 的合成

准确量取 BD 0.18mL(2.0mmol)，DMAP 0.0484g(0.4mmol)置于 250mL 反应瓶中，用移液枪量取 608μL TEA(三乙胺)溶于 50mL THF(四氢呋喃)(THF 用 CaH 除水后，再蒸馏得到干燥的 THF)，在 10~15℃的条件下，将其加入反应瓶中，缓慢搅拌至固体反应物完全溶解。称取 BTCAC 0.356g(1.34mmol)，溶于 50mL THF 中，缓慢滴加于反应物中，出现白色絮状沉淀，反应 1h 后，将体系温度升至 35℃，反应 24h。反应完毕后，过滤得到白色固体，将该固体分别用蒸馏水、乙醇、丙酮洗涤，最后在真空干燥器中干燥 24h，得到聚碳酸酯 BD-BTCAC，产率为 58.2%。

6.2.3.3 PD-BTCAC 的合成

准确量取 PD 0.42mL(4.0mmol)，DMAP 0.0484g(0.4mmol)置于 250mL 反应瓶中，用移液枪量取 608μL TEA 溶于 50mL THF(THF 用 CaH 除水后，在 60℃条件下蒸馏得到干燥的 THF)，在 10~15℃的条件下，将其加入反应瓶中，缓慢搅拌至固体反应物完全溶解。称取 BTCAC(1,3,5-苯三甲酰氯)

0. 356g(1. 34mmol)，溶于 50mL THF 中，缓慢滴加于反应物中，出现白色絮状沉淀，反应 1h 后，将体系温度升至 35℃，反应 36h。反应完毕后，过滤得到白色固体，将该固体分别用蒸馏水、乙醇、丙酮洗涤，最后在真空干燥箱中干燥 24h，得到聚碳酸酯 PD-BTCAC，产率为 53. 3%。

6. 2. 3. 4 HD-BTCAC 的合成

准确量取 HD 0. 2361g(2. 0mmol)，DMAP 0. 0484g(0. 4mmol)加入 250mL 反应瓶中，用移液枪量取 608μL TEA 溶于 50mL THF(THF 用 CaH 除水后，再在 60℃条件下蒸馏得到干燥的 THF)，在 10~15℃的条件下，将其加入反应瓶中，缓慢搅拌至固体反应物完全溶解。称取 0. 356g(1. 34mmol)BTCAC 溶于 50mL THF 中，缓慢滴加于反应物中，出现白色沉淀，反应 1h 后，将体系温度升至 65℃，反应 72h。反应完毕后，过滤得到白色固体，将该固体分别用蒸馏水、乙醇、丙酮洗涤，最后在真空干燥器中干燥 48h，得到聚碳酸酯 HD-BTCAC，产率为 50. 1%。

6. 2. 4 苯三甲酰氯与刚性多羟基化合物的二元聚合

6. 2. 4. 1 BDM-BTCAC 的合成

具有对位羟基结构的 BDM(对苯二甲醇)可与和 BTCAC 进行缩聚反应得到聚碳酸酯，与脂肪族二醇相比，所得聚酯刚性增大。合成路线如图 6. 2 所示。

准确量取 BDM 0. 0691g(0. 5mmol)，DMAP0. 0121g(0. 1mmol)加入 250mL 反应瓶中，量取 152μL TEA 溶于 25mL THF(THF 用 CaH 除水后，再蒸馏得到干燥的 THF)，在 10~15℃的条件下，将其加入反应瓶中，缓慢搅拌至固体反应物完全溶解。称取 0. 0885g(0. 34mmol)BTCAC 溶于 25mL THF 中，缓慢滴加于反应物中，出现白色絮状沉淀，反应 1h 后，将体系温度升至 35℃，反应 48h。反应完毕后，过滤得到白色固体，将该固体分别用蒸馏水、乙醇、丙酮洗涤，最后在真空干燥器中干燥 48h，得到多孔结构聚碳酸酯 BDM-BTCAC，产率为 51. 4%。

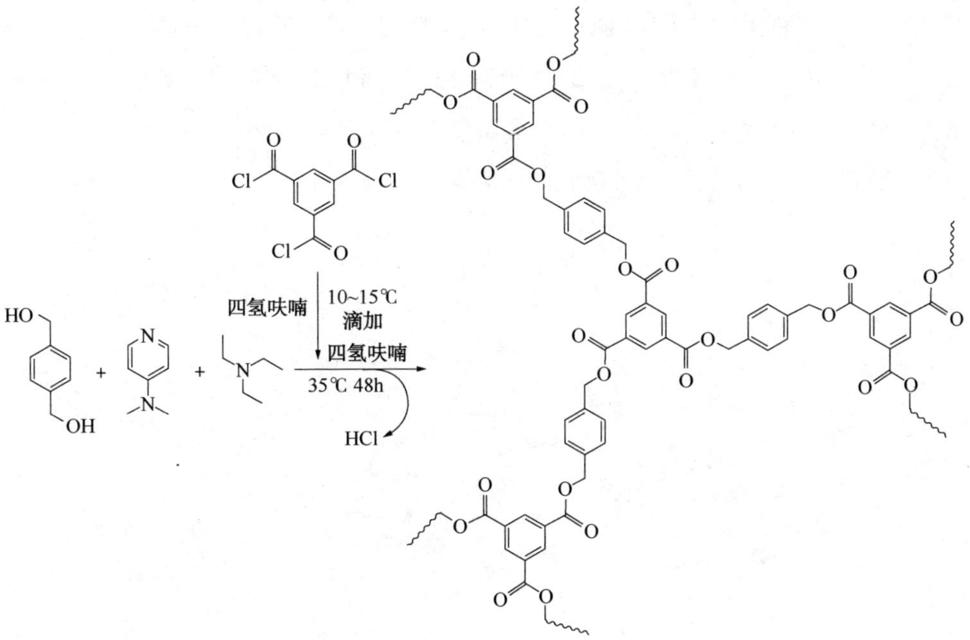

图 6.2　1,4-苯二甲醇与 BTCAC 二元聚合示意图

6.2.4.2　THB-BTCAC 的合成

称取 THB(1,3,5-苯三酚)0.0630g(0.5mmol)，DMAP 0.0121g(0.1mmol)，置于 250mL 反应瓶中，用移液枪量取 152μL TEA 溶于 25mL THF(THF 用 CaH 除水后，再蒸馏得到干燥的 THF)，在 10~15℃的条件下，将其加入反应瓶中，缓慢搅拌至固体反应物完全溶解。称取 0.1327g(0.5mmol)BTCAC 溶于 25mL THF 中，缓慢滴加于反应物中，出现白色絮状沉淀，反应 1h 后，将体系温度升至 35℃，反应 48h。反应完毕后，过滤得到白色固体，将该固体分别用蒸馏水、乙醇、丙酮洗涤，最后在真空干燥器中干燥 24h，得到多孔结构聚碳酸酯 THB-BTCAC，产率为 37.5%。合成路线如图 6.3 所示。

6.2.4.3　BTM-BTCAC 的合成

称取 BTM(1,3,5-苯三甲醇)0.1682g(1.0mmol)，DMAP 0.0242g(0.2mmol)，置于 250mL 反应瓶中，取 304μL TEA 溶于 40mL THF(THF 用 CaH 除水后，再蒸馏得到干燥的 THF)，在 10~15℃的条件下，将 TEA 的 THF 溶液加入反应瓶中，缓慢搅拌。称取 1.0mmol，0.2654g BTCAC 溶于 30mL THF 中，缓

慢滴加于反应瓶中，立即出现白色絮状沉淀，反应 1h 后，将体系温度升至 35℃，反应 24h。反应完毕后，过滤得到白色固体，将该固体分别用蒸馏水、乙醇、丙酮洗涤，最后在真空干燥器中干燥 24h，得到多孔结构聚碳酸酯 BTM-BTCAC，产率为 51.0%。合成路线如图 6.4 所示。

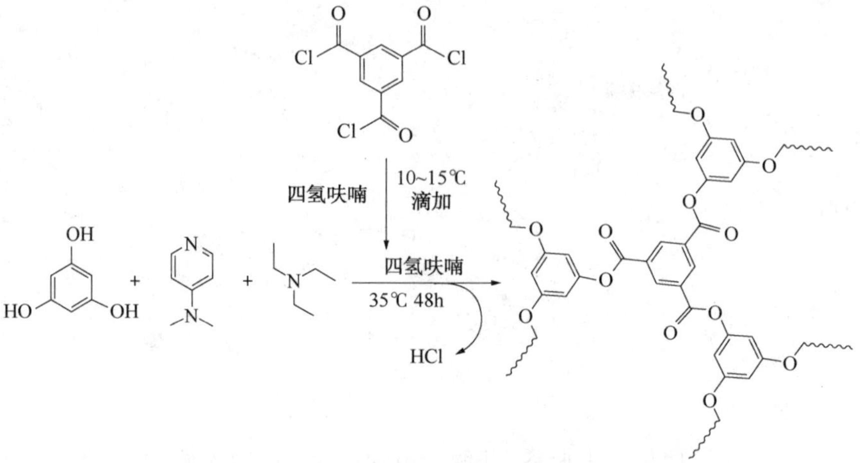

图 6.3 1,3,5-苯三酚与 BTCAC 二元聚合示意图

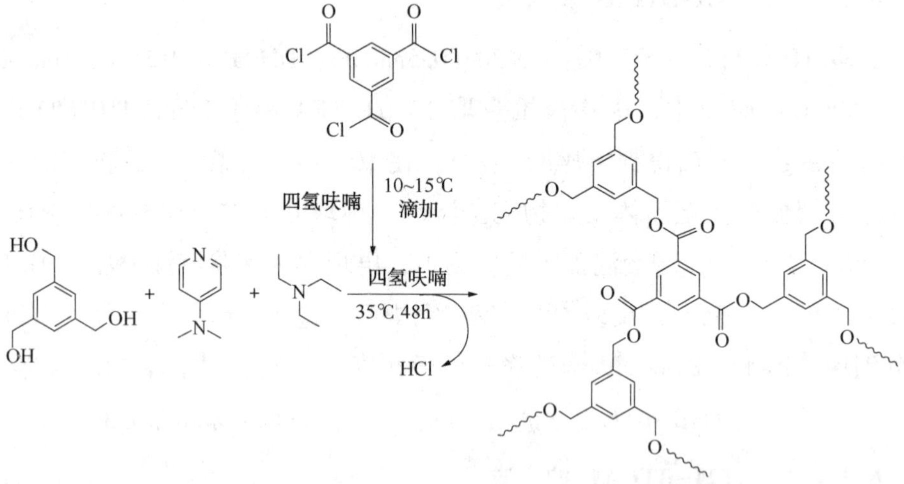

图 6.4 1,3,5-苯三甲醇与 BTCAC 二元聚合示意图

6.2.5 对低浓度双酚 A 的吸附性能测试方法

基于 BTCAC 体系的聚碳酸酯对低浓度 BPA 的吸附性能测试方法，以及 BPA 标准曲线的绘制方法参考第 3 章 3.2.10，本章不再详述。

6.3 结果与讨论

6.3.1 对低浓度 BPA 的吸附性能研究

6.3.1.1 反应条件对低浓度 BPA 吸附性能的影响

基于 BTCAC 的交联结构聚碳酸酯中，除聚碳酸酯 HD-BTCAC 表现出对有机溶剂的溶胀的特性外(对氯仿的溶胀度为 619%)，体系中其他类别的聚碳酸酯均为坚硬的颗粒状固体，在氯仿等有机溶剂中不发生溶胀现象，但是对水溶液中低浓度的 BPA 却表现出一定的吸附性能。参考前文所述方法，采用紫外光谱扫描和标准曲线法确定 BPA 的残余浓度。

以不同条件下所合成交联结构聚碳酸酯为吸附剂，用量为 30mg，分别测试了其对 BPA 的吸附性能，考察反应条件对吸附性能的影响。选取吸附效果较好的聚碳酸酯，测定其不同吸附时间的吸附效率，拟合得到吸附动力学曲线。聚碳酸酯吸附 BPA 的紫外吸收光谱如图 6.5~图 6.8 所示，具体实验数据分别列于表 6.2 和表 6.3。

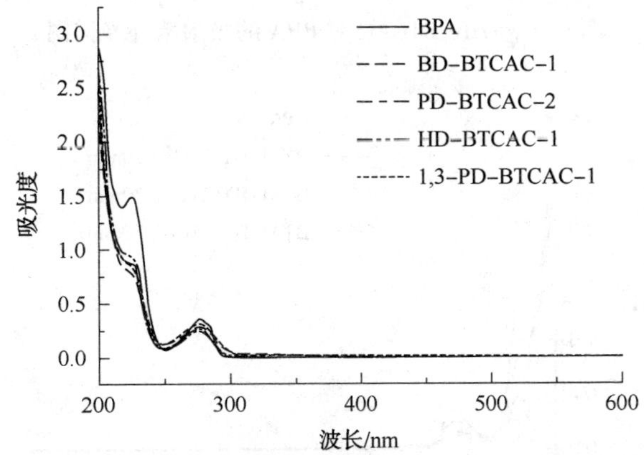

图 6.5　BD(PD/HD/1,3-PD)-BTCAC 对 BPA 的吸附紫外光谱图

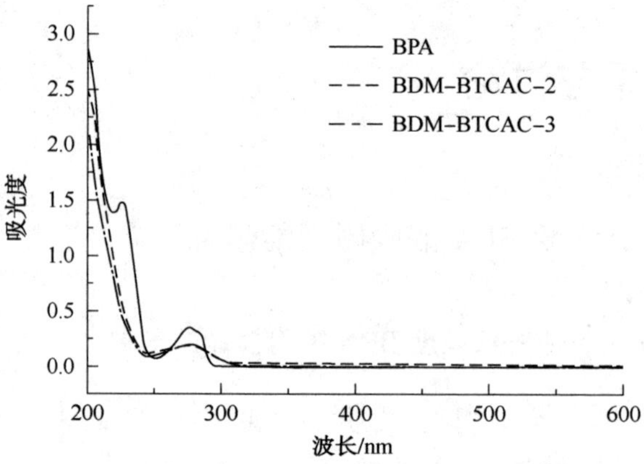

图 6.6　BDM-BTCAC 对 BPA 的吸附紫外光谱图

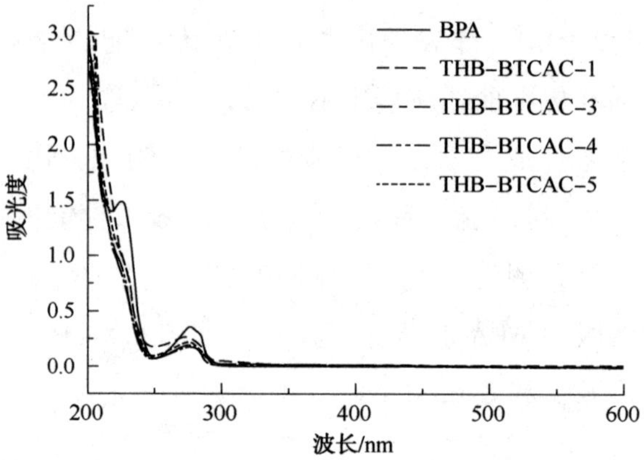

图 6.7　THB-BTCAC 对 BPA 的吸附紫外光谱图

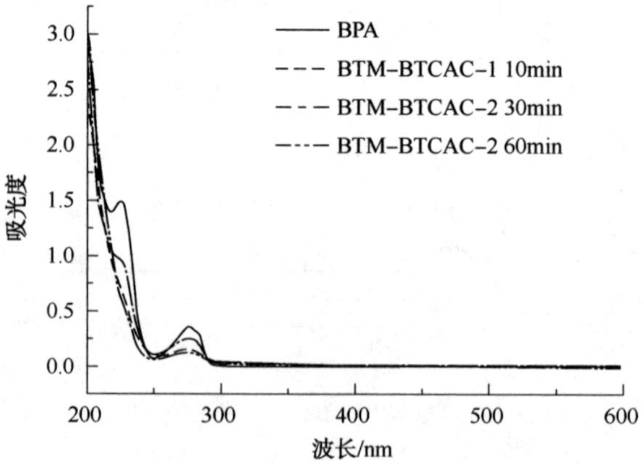

图 6.8　BTM-BTCAC 对 BPA 的吸附紫外光谱图

表 6.2　BD/PD/HD/1,3-PD-BTCAC 对 BPA 的吸附性能

样品	原料比	T/℃	反应时间/h	吸附时间/min	吸光度	吸附效率/%
1,3-PD-BTCAC-1	2∶1.36	35	24	60	0.317	13.6
1,3-PD-BTCAC-2	4∶1.36	35	24	60	0.337	8.1
BD-BTCAC-1	2∶1.36	35	24	60	0.276	24.7
BD-BTCAC-2	4∶1.36	35	24	60	0.284	22.5
PD-BTCAC-1	2∶1.36	35	24	60	0.447	—
PD-BTCAC-2	4∶1.36	35	24	60	0.248	30.3
HD-BTCAC-1	2∶1.36	65	72	60	0.246	32.8
HD-BTCAC-2	4∶1.36	65	72	60	0.252	31.2

附注：原料比为二元醇与 BTCAC 的摩尔比。

通过分析交联结构聚碳酸酯对 BPA 吸附的实验数据发现：THB、BDM 和 BTM 系列的碳酸酯与脂肪族二元醇-BTCAC 系列碳酸酯比较具有更大的比表面积和更小的孔径，这是因为二元醇的柔性链易扭转，随着脂肪醇碳链的增加，表现出一定溶胀特性，成孔难度较大；刚性单体聚合时的链增长方向固定，不发生扭转，更易形成孔结构。刚性结构碳酸酯中，THB-BTCAC 和 BTM-BTCAC 对 BPA 的吸附性能较 BDM-BTCAC 更好，吸附 1h 后，最高吸附效率分别达到 50.1%和 65.2%，这是因为单体的均三臂分子结构更有利于形成较为均匀的孔结构，成孔半径小，比表面积大。同类聚碳酸酯的合成中，原料用量不同，所得聚酯的吸附性能也不同。THB∶BTCAC(mol/mol)为 1∶0.5 时，所得聚碳酸酯 THB-BTCAC 对 BPA 几乎没有吸附性能，这是因为 THB 用量过大，与 BTCAC 反应的空间位阻增大，反应物分子之间碰撞的概率减小，链增长受到阻碍，不利于交联多孔结构的形成。当 BTCAC 的用量加大时，存在同样的问题。不同原料比条件下所合成的聚碳酸酯对 BPA 的吸附性能也不相同，当 THB∶BTCAC(mol/mol)为 1∶1 时，所得聚碳酸酯对 BPA 的吸附性能较高，为 50.1%。同时溶剂 THF 的用量对 BPA 的吸附性能也有一定的影响，溶剂用量少会导致聚碳酸酯的团聚，从而影响聚酯的吸附性能。其他体系具有同样的规律。所以合适的原料比例和溶剂用量对于聚碳酸酯交联结构的形成至关重要。

表 6.3 BDM/THB/BTM-BTCAC 对 BPA 的吸附性能

样品	原料比	T/℃	反应时间/h	吸附时间/min	吸光度	吸附效率/%
BDM-BTCAC-1	1：0.34	35	24	60	0.383	—
BDM-BTCAC-2	0.5：0.34	35	48	60	0.198	45.9
BDM-BTCAC-3	1：0.68	35	48	60	0.200	45.4
BDM-BTCAC-4	2：1.36	35	48	60	0.361	—
THB-BTCAC-1	0.5：0.5	35	24	60	0.267	27.1
THB-BTCAC-2	1：0.5	35	24	60	0.361	—
THB-BTCAC-3	0.5：0.5	35	48	60	0.183	50.1
THB-BTCAC-4	1：1	35	24	60	0.192	47.5
THB-BTCAC-5	1：2	35	24	60	0.288	21.4
BTM-BTCAC-1	0.5：0.5	35	48	60	0.132	63.8
BTM-BTCAC-2	0.5：0.5	35	24	60	0.127	65.2
BTM-BTCAC-3	1：0.5	35	24	60	0.301	17.9
BTM-BTCAC-4	1：1	35	24	60	0.204	44.3

附注：原料比为 BDM/THB/BTM 与 BTCAC 的投料摩尔质量。

6.3.1.2 对 BPA 的吸附动力学研究

选取吸附效率较高的聚碳酸酯 BTM-BTCAC 进行 BPA 吸附的动力学测试。取 30mg BTM-BTCAC，分别进行不同时间的吸附实验，测定滤液在最大波长 276nm 处的吸光度，结果见表 6.4。通过标准曲线计算吸附效率，绘制时间与吸附效率之间的趋势图，如图 6.9 所示。可以看出 BTM-BTCAC 对 BPA 的吸附在 1h 时达到最大值，之后随着吸附时间的延长效率略有下降，这是因为吸附达到平衡后，部分与聚碳聚酸酯结合不牢固的 BPA 脱离吸附剂重新进入溶液中，导致 BPA 的浓度略有上升。

表 6.4 BTM-BTCAC 对 BPA 的吸附性能

样品	原料比	T/℃	反应时间/h	吸附时间/min	吸光度	吸附效率/%
BTM-BTCAC-2	0.5：0.5	35	24	5	0.312	14.9
BTM-BTCAC-2	0.5：0.5	35	24	10	0.262	28.3
BTM-BTCAC-2	0.5：0.5	35	24	20	0.206	43.6

续表

样品	原料比	T/℃	反应时间/h	吸附时间/min	吸光度	吸附效率/%
BTM-BTCAC-2	0.5 : 0.5	35	24	30	0.161	56.0
BTM-BTCAC-2	0.5 : 0.5	35	24	40	0.148	59.3
BTM-BTCAC-2	0.5 : 0.5	35	24	50	0.134	63.3
BTM-BTCAC-2	0.5 : 0.5	35	24	60	0.127	65.2
BTM-BTCAC-2	0.5 : 0.5	35	24	80	0.131	64.1
BTM-BTCAC-2	0.5 : 0.5	35	24	100	0.138	62.1
BTM-BTCAC-2	0.5 : 0.5	35	24	120	0.165	55.0

附注：原料比为 BTM 与 BTCAC 的投料摩尔质量。

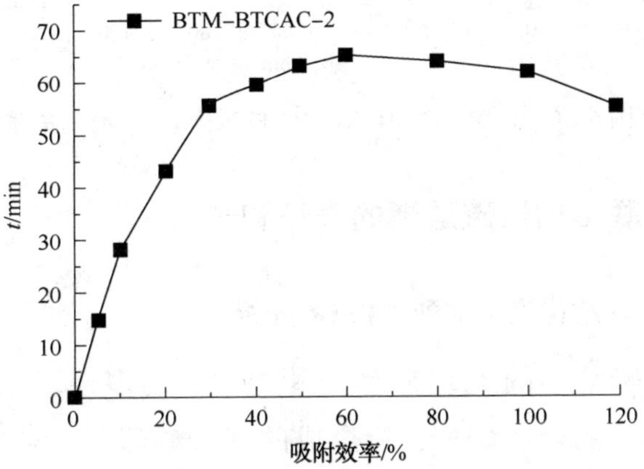

图 6.9　BTM-BTCAC 吸附 BPA 的动力学曲线

吸附的二次动力学方程可以表示为$\frac{dQ_t}{dt}=k_2(Q_{max}-Q_t)^2$，两边取对数后方程变换为$\frac{t}{Q_t}=\frac{1}{k_2Q_{max}^2}+\frac{1}{Q_{max}}t$，也就是说当 t/Q_t和 t 之间呈线性关系时，吸附速率符合二次动力学方程。将 BTM-BTCAC-2 样品吸附 BPA 的动力学参数进行进一步分析发现，吸附时间 t 和吸附量 Q_t的比值与时间 t 基本呈线性关系，符合二次动力学变量关系，通过曲线模拟可以得到如下方程：$t/Q_t=60.6972+16.0983t$（$R=0.9888$），实验测定曲线见图 6.10。计算可知 $Q_{max}\%=62.1\%$，$K_2=4.2859$，实验测定的 $Q_{max}=65.2\%$，实验测定值与理论模拟值相差 3.1%，相对误差为 4.8%。本章将 BTCAC 体系的聚碳酸酯首次用于低浓度

BPA 的吸附，并取得了一定的效果，实验证明：交联结构的有机聚碳酸酯除了用于气体吸附和存储外，也可以在液态有机物污染处理领域寻求发展。

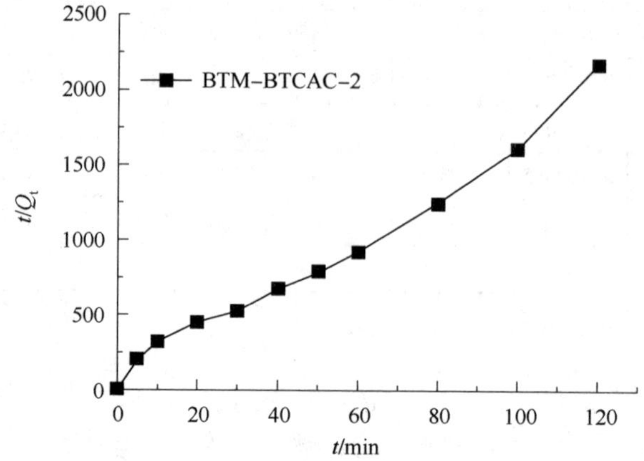

图 6.10　BTM-BTCAC 对 BPA 的吸附效率-时间关系

6.3.2　交联结构聚碳酸酯的表征和分析

6.3.2.1　交联结构聚碳酸酯 FT-IR 分析

本章利用三臂结构的 1,3,5-苯三甲酰氯，与多羟基结构化合物聚合，得到具有交联结构的聚碳酸酯，所合成的聚碳酸酯为白色坚硬的颗粒状固体，不溶于实验室常见有机溶剂，所以红外光谱对于其结构的说明至关重要。红外光谱如图 6.11～图 6.15 所示，具体数据如下：

（1）脂肪族二醇-BTCAC 体系红外数据

1,3-PD-BTCAC 的 FT-IR（KBr，cm^{-1}）：ν=3747（w），2963（w），1725（s），1602（w），1537（w），1452（w），1375（w），1319（w），1218（s），1149（w），1102（w），1026（w），932（w），799（w），733（m），718（w）。

BD-BTCAC 的 FT-IR（KBr，cm^{-1}）：ν=3747（w），3085（w），2963（w），1732（s），1546（w），1461（w），1394（w），1236（s），1149（w），1102（w），1030（w），973（w），925（w），796（w），733（m），718（w）。

PD-BTCAC 的 FT-IR（KBr，cm^{-1}）：ν=3747（w），2954（w），1716（s），1602（w），1546（w），1452（w），1376（w），1328（w），1225（s），1153（w），

1100(w)，1035(w)，972(w)，929(w)，739(m)，715(w)。

HD-BTCAC 的 FT-IR(KBr，cm^{-1})：ν=3738(w)，2944(w)，1725(s)，1610(w)，1543(w)，1455(w)，1387(w)，1319(w)，1231(s)，1148(w)，1106(w)，981(w)，929(w)，741(m)，723(w)。

(2) 含有苯环的多羟基化合物-BTCAC 体系红外数据

BDM-BTCAC 的 FT-IR(KBr，cm^{-1})：ν = 3227(w)，3085(w)，2906(w)，2868(w)，1876(w)，1741(s)，1584(w)，1518(w)，1430(s)，1340(w)，1315(w)，1225(w)，1153(s)，1068(w)，995(s)，923(w)，863(w)，731(w)，693(s)。

THB-BTCAC 的 FT-IR(KBr，cm^{-1})：ν = 3681(w)，3085(m)，2982(w)，2906(w)，1751(s)，1594(w)，1442(w)，1319(w)，1213(m)，1140(m)，1083(m)，998(w)，922(w)，847(w)，695(w)，667(s)。

BTM-BTCAC FT-IR(KBr，cm^{-1})：ν=3681(w)，3237(w)，2982(w)，2906(w)，1732(s)，1584(w)，1436(s)，1319(w)，1221(s)，1149(w)，1064(w)，998(w)，922(w)，866(w)，733(w)，695(w)，657(w)。

(3) 原料的红外数据

BDM 的 FT-IR(KBr，cm^{-1})：ν=3265(w)，2887(w)，1914(w)，1517(w)，1414(w)，1328(w)，1281(w)，1210(w)，1108(w)，1009(w)，983(w)，816(m)，679(m)。

THB 的 FT-IR(KBr，cm^{-1})：3671(w)，3220(m)，2991(m)，2500(w)，1621(s)，1508(s)，1414(w)，1310(m)，1149(s)，1073(w)，989(s)，808(m)，658(s)。

BTM 的 FT-IR(KBr，cm^{-1})：3548(w)，3250(s)，2916(w)，2589(w)，1602(w)，1452(s)，1347(w)，1231(w)，1158(m)，1073(s)，1016(s)，916(w)，863(s)，758(w)，685(w)。

从脂肪族二元醇-BTCAC 体系的红外光谱图 6.11 可以看出，1,3-PD-BTCAC、BD-BTCAC、PD-BTCAC、HD-BTCAC 四个体系的红外谱图相似。以 HD-BTCAC 为例，3738cm^{-1}处的弱峰为—OH 的伸缩振动所致，1387～

1319cm^{-1}处为—OH 的变形振动峰。1610cm^{-1}和 741cm^{-1}处为苯环的骨架振动引起的。1732cm^{-1}处和 1231cm^{-1}处都出现了较强的峰值信号，分别是羰基的伸缩振动和变形振动的特征峰。含有羰基的反应原料 1,3,5-苯三甲酰氯，在去离子水和四氢呋喃等溶剂中能够迅速溶解，而所得产物既不溶于水，也不溶解于有机溶剂，结合产物本身的特性，1732cm^{-1}和 1231cm^{-1}两处的特征峰能够充分说明二元醇 HD 与 1,3,5-苯三甲酰氯之间确实发生了反应。1,3-PD、BD 和 PD 分别与 BTCAC 的聚合产物的红外数据与 HD-BTCAC 相似，说明脂肪族二元醇与 BTCAC 确实发生了缩聚反应。

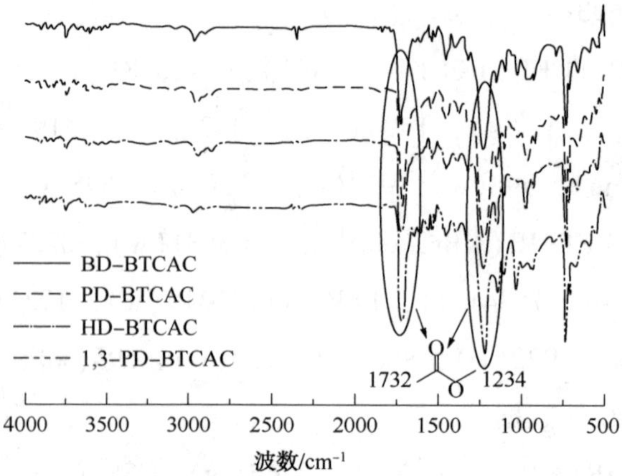

图 6.11　1,3-PD/BD/PD/HD-BTCAC 的红外谱图

图 6.12 为含有苯环的刚性体系 BDM-BTCAC 的红外谱图，1430cm^{-1}处的强峰应该是—CH_2所致，在 1741cm^{-1}和 1145cm^{-1}处出现羰基的特征峰，说明 BDM 与 BTCAC 发生了反应，所得聚合物结构中存在酯基，原料 BDM 中 3236cm^{-1}处的—OH 峰在聚碳酸酯 BDM-BTCAC 中略有减小，但并未完全消失，说明 BDM-BTCAC 结构中仍存在—OH，这一点可以说明，在 BDM 和 BTCAC 的缩聚反应中，部分 BDM 的活性端羟基并未参与反应，仍有未反应的—OH 存在。

聚碳酸酯 THB-BTCAC 与聚合单体 THB 的红外谱图对比如图 6.13 所示，原料 THB 在 3220cm^{-1}处峰为—OH 的特征峰，产物 THB-BTCAC 中，该波长处的特征峰消失，在 1751cm^{-1}和 1213cm^{-1}处分别出现了两个新的峰，分别归属为羰基的伸缩振动和变形振动的特征峰。由此可以看出，在实验条件下，THB 的酚羟基与 BTCAC 缩聚，脱除 HCl 后转化为酯基。

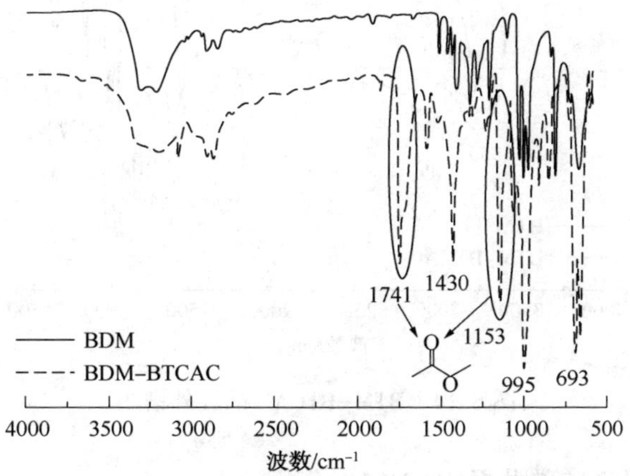

图 6.12　BDM-BTCAC 的红外谱图

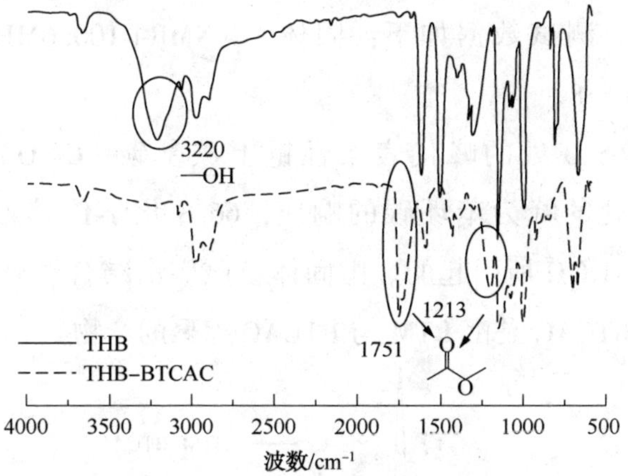

图 6.13　THB-BTCAC 的红外谱图

BTM-BTCAC 体系红外谱图如图 6.14 所示，在 1732cm^{-1}和 1221cm^{-1}波长处出现两个新的特征峰，分别归属为羰基的伸缩振动和变形振动的特征峰，原料 BTM 中 3237cm^{-1}处的—OH 峰在 BTM-BTCAC 中明显减弱，说明 BTM 分子中大部分的—OH 经过与 BTCAC 的反应转变成为酯基。由以上红外数据分析可知，含有刚性苯环的多羟基化合物作为单体可与 BTCAC 聚合得到高分子量的聚碳酸酯。

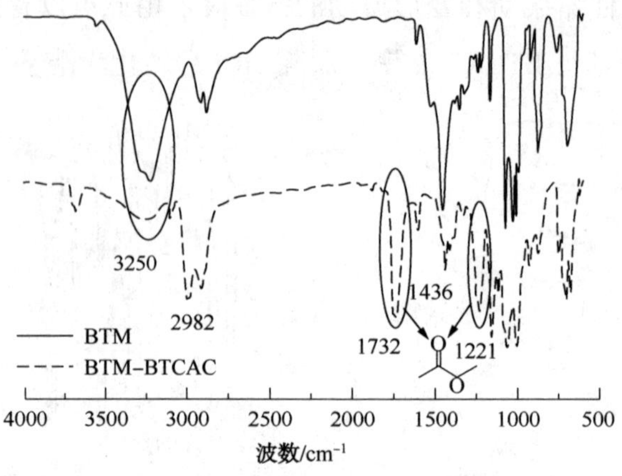

图 6.14　BTM-BTCAC 的红外谱图

6.3.2.2　固体核磁共振^{13}C NMR 分析

以下选择聚碳酸酯 BTM-BTCAC 为代表样品，进行固体^{13}C NMR 分析，如图 6.15 所示，测试数据如下：固体^{13}C NMR（100.6MHz，δ）：165.0，135.7，131.3、66.8。

化学位移 165.0 处的峰代表柔性链上羰基碳—*C*(O)O—，137.5 和 131.3 化学位移处的峰为苯环碳的响应，66.8 化学位移处的峰应该是由—*C*H_2O—、—*C*H_2OH 所引起的。由固体核磁碳谱结合红外谱图分析可知，聚碳酸酯 BTM-BTCAC 是由 BTM 与 BTCAC 缩聚的产物。

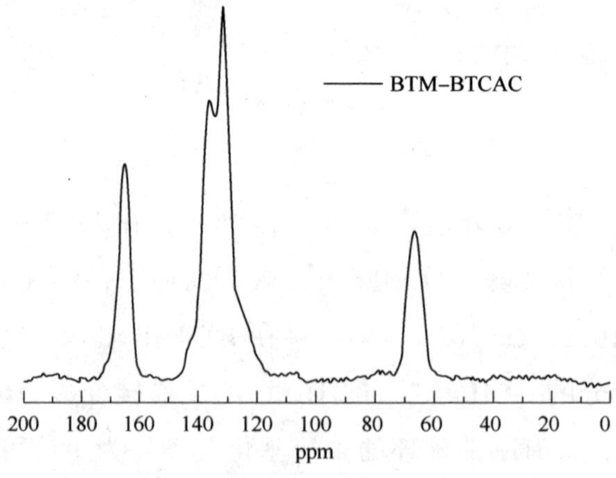

图 6.15　BTM-BTCAC 的^{13}C NMR 谱图

6.3.2.3 粉末衍射分析(PXRD)

粉末衍射分析分别选取 HD-BTCAC、BDM-BTCAC、THB-BTCAC 和 BTM-BTCAC 共 4 个体系的代表样品进行测试，PXRD 谱图如图 6.16 所示。从聚碳酸酯 HD-BTCAC 衍射谱图可以看出，在 2θ 角为 21.2°、43.8°、64.3°和 77.4°出现尖峰；BDM-BTCAC 在 2θ 角为 18.9°、37.8°、44.0°、64.3°和 77.5°出现特征峰；THB-BTCAC 在 2θ 角为 23.0°、37.8°、41.4°、44.0°、64.5°和 77.5°出现特征峰；BTM-BTCAC 在 2θ 角为 23.0°、37.8°、41.4°、44.0°、64.5°和 77.5°出现特征峰。BTCAC 体系的所有聚碳酸酯样品在 2θ 角为 10°~33°处均出现较宽的衍射峰。

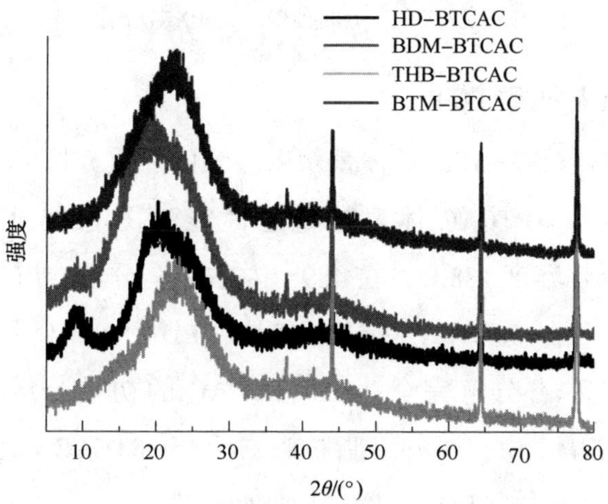

图 6.16 HD(BDM/THB/BTM)-BTCAC 的 PXRD 谱图

Sonia Zulfiqar 以 N,N-二甲基乙酰胺为溶剂，利用 THB 和 BTCAC 合成的聚碳酸酯结构与 THB-BTCAC 类似，文献中 PXRD 谱图显示，只在 17°的 2θ 处出现了一个较宽峰，谱图如图 6.17 所示。与文献对比发现，本书所合成的聚碳酸酯 THB-BTCAC，除了在 2θ 角为 23°处出现宽峰外，在 37.8°、41.4°、44.0°、64.5°和 77.5°也分别出现尖峰，说明所合成的聚碳酸酯 THB-BTCAC，有一部分具有无定型的非晶体结构，同时也生成了具有有序晶型结构聚碳酸酯，也就是说，分子结构中含有有序的环状结构。本体系其他聚碳酸酯具有类似的 PXRD 谱图，由此可推断 BTCAC 体系聚碳酸酯含有非晶态和晶态两种结构。

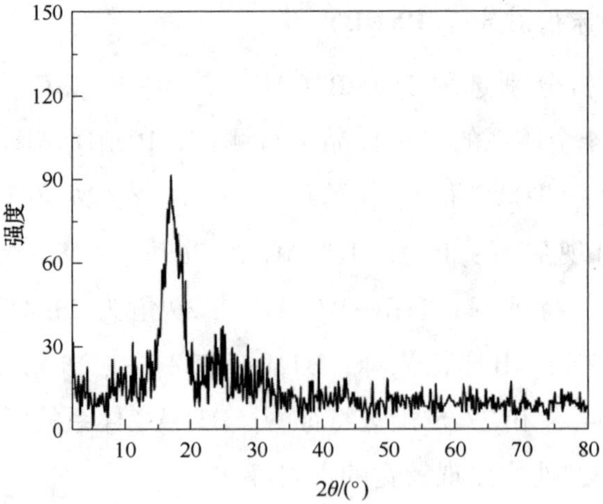

图 6.17　文献中同类聚酯的 PXRD 谱图

6.3.2.4　热重分析(TG)

(1) 脂肪族二元醇-BTCAC 体系聚碳酸酯的热重分析

脂肪族二元醇-BTCAC 体系热稳定性能如图 6.18 所示。1,3-PD-BTCAC 的初始分解温度 188℃，在 489℃左右完全分解；BD-BTCAC 的初始分解温度 197℃，在 505℃左右分解完毕；PD-BTCAC 的初始分解温度 212℃，在 527℃左右分解完全；HD-BTCAC 的初始分解温度 221℃，在 529℃左右分解完毕。由此可知，脂肪族二元醇-BTCAC 体系聚碳酸酯的分解温度随着二元醇的单体碳链长度的增加而提高。

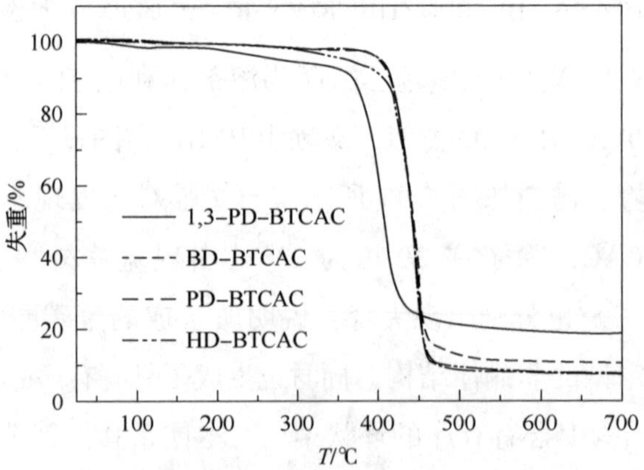

图 6.18　1,3-PD\BD\PD\HD-BTCAC 体系聚碳酸酯的热重曲线

（2）BDM\BTM\THB-BTCAC 体系聚碳酸酯的热重分析

BDM\BTM\THB-BTCAC 体系中的热分解曲线如图 6.19 所示。在 25~120℃温度范围内，质量损失约为 3%~4%，这主要是由于聚碳酸酯的孔隙吸附空气中的水分而引起的。120~350℃温度之间质量损失约为 6%，是由于聚碳酸酯中形成交联结构的低分子量聚碳酸酯的分解所致，350~700℃为快速失重阶段，在这一阶段的质量的损失达到 60%~70%。Sonia Zulfiqar 利用 THB 和 BTCAC 合成的无定形聚碳酸酯，在 110℃范围内的质量损失约为 3%，该现象同样是由于聚碳酸酯的孔吸收了水分所致；快速失重的初始温度约为 220℃，较本书所合成的聚碳酸酯 BDM\BTM\THB-BTCAC 的初始分解温度低约 120℃。这是因为 Sonia Zulfiqar 文献中的聚碳酸酯为无定形态，与本书所合成的半晶形态聚碳酸酯相比，骨架坍塌所需的能量低，所以分解温度偏低。

通过热重分析可以看出，与脂肪族二醇相比，含有苯环的多羟基化合物作聚合单体，与 BTCAC 缩聚所得聚碳酸酯的热稳定性更高，脂肪族二醇-BTCAC 体系聚碳酸酯在 180℃以内可以稳定存在，BDM\BTM\THB-BTCAC 体系在 300℃温度范围内可以稳定存在。

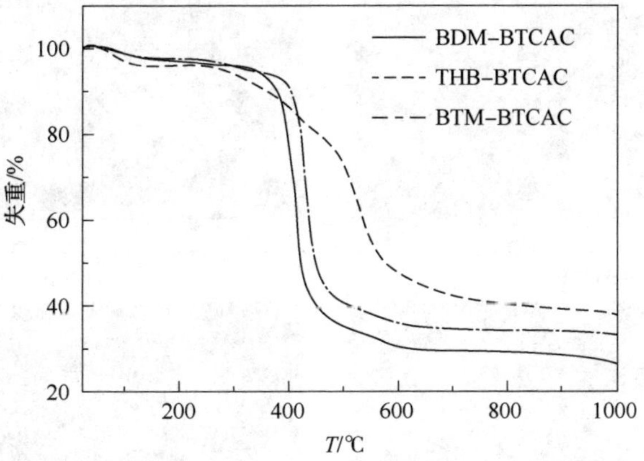

图 6.19　BDM\THB\BTM-BTCAC 体系聚碳酸酯的热重曲线

6.3.2.5　形貌特征

通过扫描电镜(SEM)对 BTCAC 体系聚碳酸酯的具体形貌进行观测，扫描图片如图 6.20 所示。当放大倍率为 5~10k 时，1,3-PD-BTCAC 和 HD-BTCAC 两个体系，几乎观察不到孔隙的存在，这是因为 1,3-PD 的碳链过短，与 BTCAC 反应所得聚碳酸酯结构中，刚性苯环的密度较大，醇和酰氯继续反应的位阻变大，成孔难度加大，所以不能观察到孔结构。而 HD-BTCAC 则是因为 HD 的碳链较长，易发生交联形成凝胶而无法观测到孔结构。实验证明，HD-BTCAC 在氯仿中具有 619%的溶胀度。BD-BTCAC 和 PD-BTCAC 的 SEM 照片能够观察到不均匀的孔结构存在，孔径约 50~200nm。

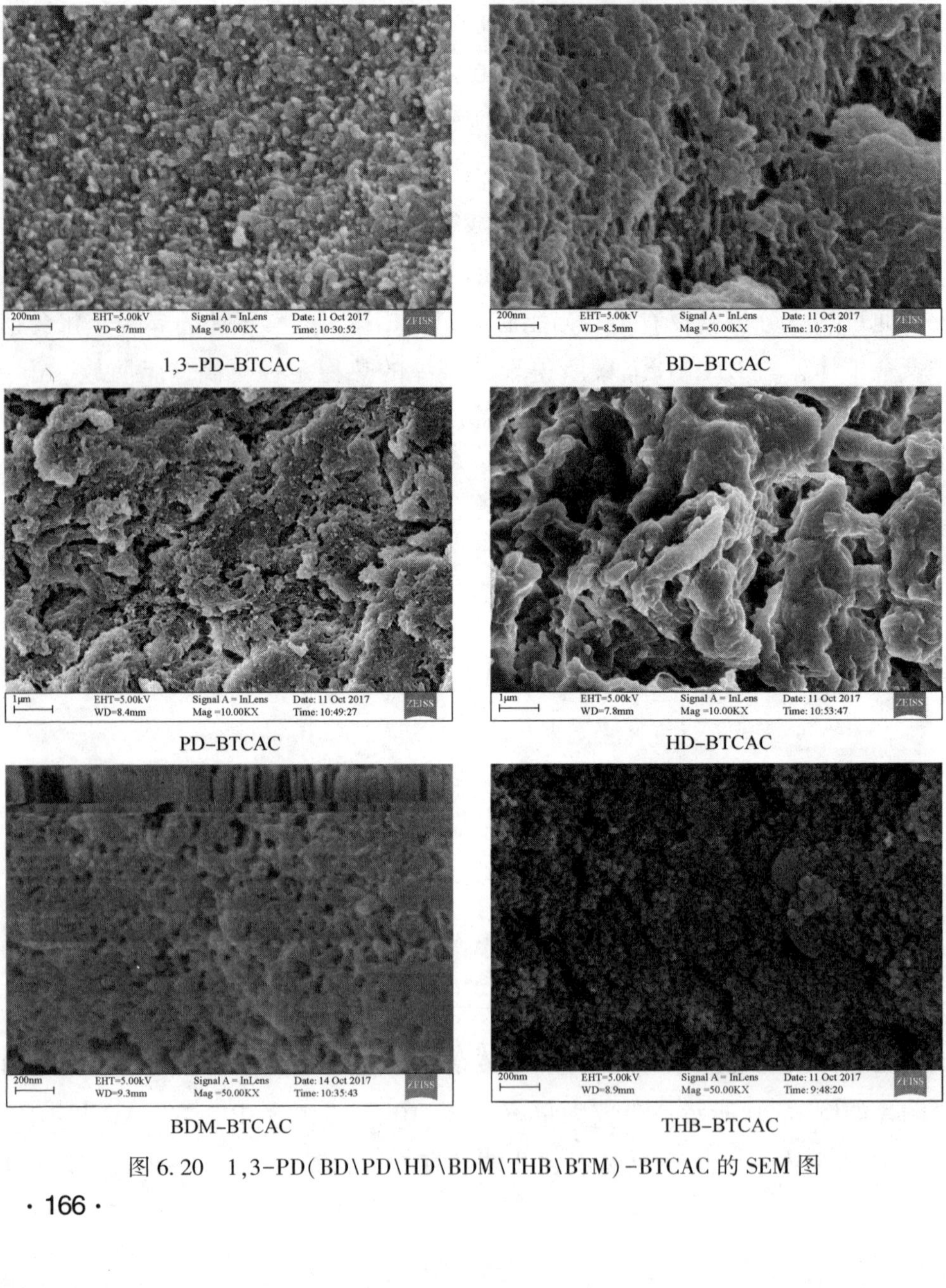

图 6.20 1,3-PD(BD\PD\HD\BDM\THB\BTM)-BTCAC 的 SEM 图

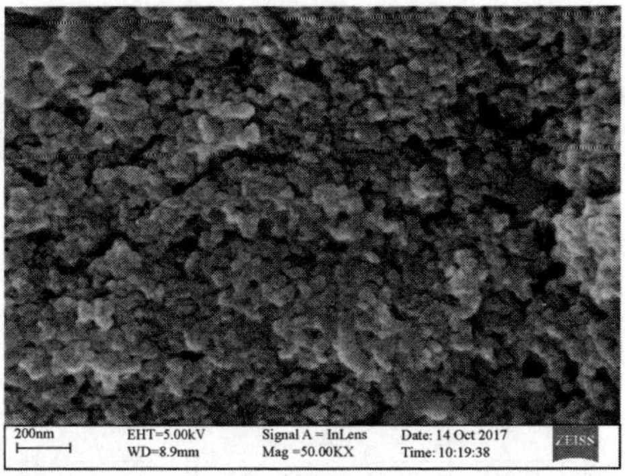

BTM-BTCAC

图 6.20　1,3-PD(BD\PD\HD\BDM\THB\BTM)-BTCAC 的 SEM 图(续)

当将柔性的脂肪族二元醇替换为刚性较强的含苯环的多羟基单体时，所得聚碳酸酯的 SEM 照片中可明显观察到孔隙结构，孔径减小。BDM-BTCAC 的孔径约为 40nm，THB-BTCAC、BTM-BTCAC 三臂结构的聚碳酸酯孔径大部分分布在 2~20nm 之间。这是因为聚合单体的刚性增大，链增长的方向固定，不能随意扭曲，更易形成闭合或者半闭合的环状结构，所以 BDM-BTCAC、THB-BTCAC、BTM-BTCAC 的孔径较脂肪族二醇体系小，分布更均匀。三臂的 THB 和 BTM 作为聚合单体与二臂 BDM 相比，成孔半径小，故 THB-BTCAC、BTM-BTCAC 的孔径较 BDM-BTCAC 小，比表面积更大。

6.3.2.6　N_2物理吸附测试

SEM 的测试显示，BTCAC 体系聚碳酸酯表面有明显的孔结构，孔径为 10~200nm。选取各个体系代表性的样品，进行 N_2物理吸附测试。通过物理吸附测试分析可进一步确定聚碳酸酯多孔结构的特性。测试条件：脱气温度为 150℃，脱气时间 5h，样品用量 100~200mg。测试结果列于表 6.5，N_2吸附曲线见图 6.21~图 6.24。

表 6.5　N_2物理吸附测试数据列表

样品	比表面积/(m^2/g)	孔体积/(cm^3/g)	平均孔径/nm
HD-BTCAC	3.2570	0.005685	76.1153
BDM-BTCAC	21.5059	0.070737	233.6684
THB-BTCAC	42.5413	0.272830	152.5059
BTM-BTCAC	43.5009	0.263783	149.6656

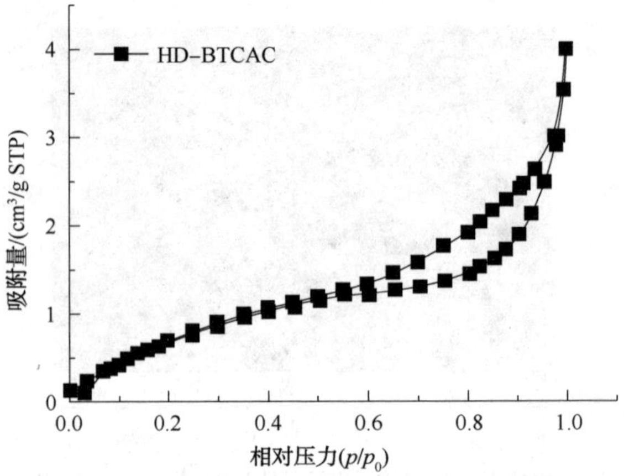

图 6.21　HD-BTCAC 的在 77K 条件下的 N_2吸附曲线

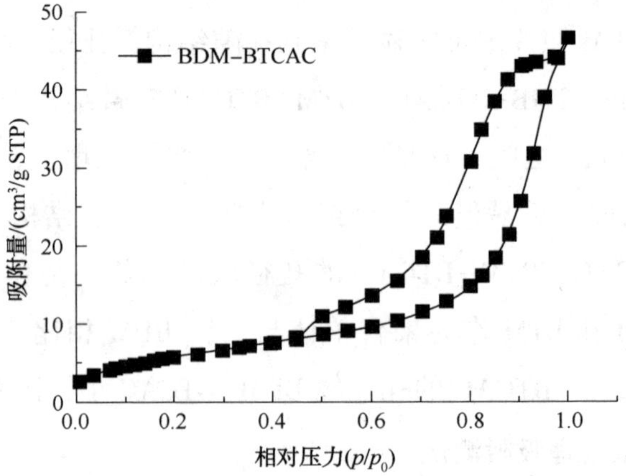

图 6.22　BDM-BTCAC 的在 77K 条件下的 N_2吸附图

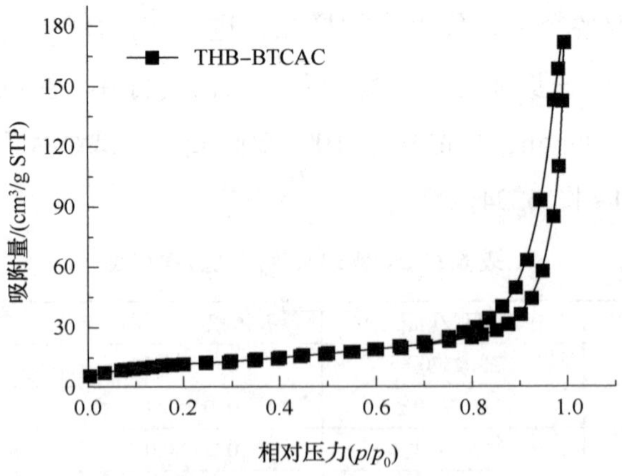

图 6.23　THB-BTCAC 的在 77K 条件下的 N_2吸附图

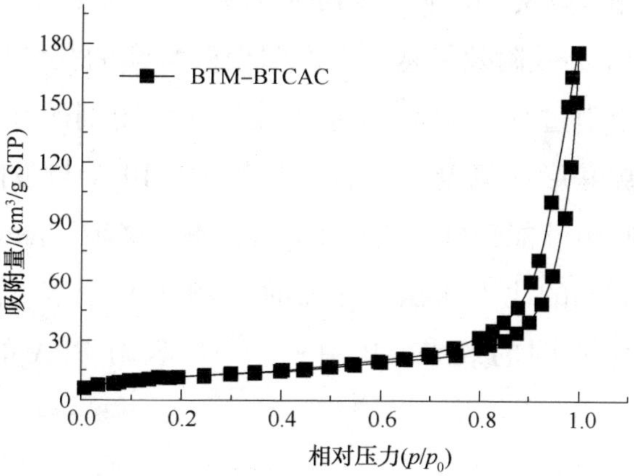

图 6.24　BTM-BTCAC 的在 77K 条件下的 N_2 吸附图

从表 6.5 中数据可知，碳链较长的二醇做单体与 BTCAC 聚合所得 HD-BTCAC，比表面积只有 3.2m^2/g，由刚性单体所合成的聚酯 THB-BTCAC 和 BTM-BTCAC 的比表面积分别为 42.5m^2/g 和 43.5m^2/g，平均孔径为 152nm 和 149nm，孔体积为 0.2728cm^3/g 和 0.2638cm^3/g。文献中三臂结构的同类聚碳酸酯比表面积为 11.1m^2/g，孔体积为 0.032cm^3/g，二臂结构同类型聚碳酸酯的比表面积只有 5.4m^2/g，孔体积为 0.11cm^3/g。本书合成的半晶型交联结构聚碳酸酯树脂的比表面积和孔体积与文献报道的同类聚碳酸酯树脂相比更大。

三臂刚性结构单体与脂肪族直链结构相比，与 BTCAC 聚合后的比表面积更大，这是由于直链二醇的结构柔性大，聚合后支链易发生链扭曲而难以成环。特别是含有六个碳原子的 HD 与 BTCAC 聚合后所形成的聚碳酸酯树脂，表现出一定的凝胶特性，在有机溶剂中发生溶胀现象，这一点也证明了单体的柔性链越长，发生交联形成凝胶的可能性更大，而刚性的聚合单体之间则更容易形成稳定的多孔交联结构。

6.3.3　可能的吸附机理

BTCAC 体系聚碳酸酯不同于前几章所合成的有可伸缩柔性链的凝胶型聚碳酸酯树脂，BTCAC 体系聚碳酸酯利用小分子单体直接聚合所得，重复单元碳链短，刚性大。所得聚碳酸酯具有刚性的多孔结构，其中 BTM-

BTCAC 的比表面积为 43.5m^2/g。对 BPA 的吸附实验发现，聚碳酸酯的比表面积越大，对 BPA 的吸附效果越好，说明聚碳酸酯的孔结构对 BPA 的吸附性能影响显著。吸附过程可能是 BPA 直接进入吸附剂的孔隙中，与吸附剂结构中的羟基或羰基形成氢键。比表面积越大，BPA 与吸附剂接触形成氢键的点位越多，吸附性能越好。所以 BTCAC 体系聚碳酸酯对 BPA 的吸附主要是依靠孔结构和大的比表面积，并辅助以 BPA 和聚碳酸酯之间氢键的作用，从而达到稳定吸附的效果，BTM-BTCAC 吸附 BPA 的模型如图 6.25 所示。

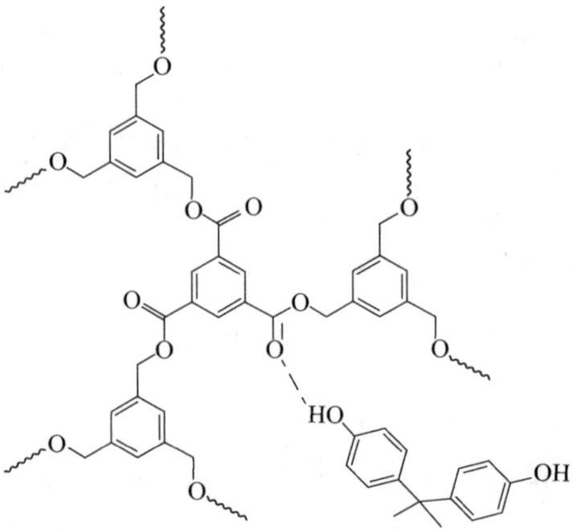

图 6.25　BTM-BTCAC 吸附 BPA 的模型示意图

6.4　本章小结

（1）以脂肪族二元醇和 BTCAC 为合成单体，合成了具有交联结构的新型聚碳酸酯。该体系聚碳酸酯不溶于常见的有机溶剂，具有大孔结构，SEM 显示孔径为 50～200nm，BET 吸附显示聚碳酸酯 HD-BTCAC 的平均孔径 76nm，比表面积为 3.3m^2/g。

（2）以含有苯环结构的多羟基化合物 BDM、THB 和 BTM 作为合成单体，分别与 BTCAC 聚合，制备了具有多孔结构的新型聚碳酸酯 BDM-BTCAC、THB-BTCAC 和 BTM-BTCAC。该类聚碳酸酯不溶于有机溶剂，具有均匀的孔结构，孔径分布于介孔-大孔范围，BDM-BTCAC 平均孔径 233nm，比表面积为 21.5m^2/g；THB-BTCAC 平均孔径 152nm，比表面积为 42.5m^2/g；BTM-BTCAC 平均孔径 149nm，比表面积为 43.5m^2/g。比表面积远高于同类聚碳酸酯的 4~11m^2/g。

（3）PXRD 证明 BTCAC 体系聚碳酸酯为半结晶结构。与非晶型聚碳酸酯相比具有更高的热稳定性。脂肪族二醇体系聚碳酸酯在 180℃内稳定存在；含苯环的多羟基类聚碳酸酯树脂在 300℃范围内能够稳定存在，较同类聚碳酸酯高约 80℃。

（4）BTCAC 体系的聚碳酸酯首次用于对水体中低浓度的 BPA 的吸附。脂肪族二元醇-BTCAC 体系聚碳酸酯的吸附性能随着二元醇碳链长度的增加而增加。其中，当碳原子数量增长到 6 个时，所得聚碳酸酯开始表现出凝胶特性，在氯仿中发生溶胀，溶胀度为 619%，同时，对 BPA 的吸附效率增加，30mg HD-BTCAC 对 10mL 0.1mmol/L BPA 的吸附效率为 32.8%；BDM/THB/BTM-BTCAC 体系中，三臂结构聚碳酸酯由于成孔半径小，聚碳酸酯的比表面积更大，孔分布更均匀，吸附性能相对二臂结构的 BDM-BTCAC 更高；BTM-BTCAC 与 THB-BTCAC 相比，聚碳酸酯 BTM-BTCAC 的比表面积较大，吸附 BPA 的有效面积增大，吸附点位增多，30mg THB-BTCAC、BTM-BTCAC 对 BPA 的吸附效率分别为 50.3%和 65.4%。

参 考 文 献

［1］Yati I.，Aydin G. O.，Sonmez H. B.. Cross-linked Poly(tetrahydrofuran) as Promising Sorbent for Organic Solvent/oil spill［J］. Journal of Hazardous Materials，2016，309：210-218.

［2］Liu X.，Zhang Y.，Li H.，et al. Triarylboron-based Fluorescent Conjugated Microporous Polymers［J］. RSC Advances，2013，3：21267-21270.

［3］Jimenez-Solomon M. F.，Song Q.，Jelfs K. E.，et al. Polymer Nanofilms with Enhanced Microporosity by Interfacial Polymerization［J］. Nature Materials，2016，15：760-769.

［4］Wang W.. Porous Organic Polymers：A New Star in Porous Materials［J］. Acta Chimical Sinica，2015，73：461-462.

［5］Zhou，B.，Chen L.. New Strategies for the Synthesis of Covalent Organic Porous Polymers［J］.

Acta Chimical Sinica, 2015, 73: 487-497.

[6] Jang Y. I., Choi W. H., AnBull B. K.. Hyperbranched Poly(aryl ester)s as Developer Materials for Thermal Printing System[J]. Korean Chemical Society, 2013, V(34)4: 1225-1231.

[7] Pasha M. A., Reddy M. B. M., Manjula K.. Zinc dust: An Extremely Active and Reusable Catalyst in Acylation of Phenols, Thiophenol, Amines and Alcohols in a Solvent-free System [J]. European Journal of Chemistry, 2010, V(4)1: 385-387.

[8] Ullah R., Atilhan M., Anaya B., et al. Investigation of Ester-and Amide-Linker-Based Porous Organic Polymers for Carbon Dioxide Capture and Separation at Wide Temperatures and Pressures[J]. ACS Applied Materials and Interfaces, 2016, 8: 20772-20785.

[9] Marele A. C., Mas-Balleste′ R. n, Terracciano L., et al. Formation of a Surface Covalent Organic Framework Based on Polyester Condensation[J]. Chemical Communication, 2012, 48: 6779-6781.

[10] Zulfiqar S, Sarwar M. I.. Effect of Solvent on the CO_2 Capture Ability of Polyester: A Comparative study[J]. Journal of Industrial and Engineering Chemistry, 2015, 21: 1373-1378.

[11] Tamaddon F., Amrollahi M. A., Sharafat L.. A Green Protocol for Chemoselective *O*-acylation in the Presence of Zinc Oxide as a Heterogeneous, Reusable and Eco-friendly Catalyst[J]. Tetrahedron Letters, 2005, 46: 7841-7844.

[12] Sarvari M. H., Sharghi H.. Oxide(ZnO) as a New, Highly Efficient, and Reusable Catalyst for Acylation of Alcohols, Phenols and Amines under Solvent Free Conditions[J]. Tetrahedron, 2005, 61: 10903-10907.

[13] Mckeown N. B.. Phthalocyanine-containing Polymer[J]. Journal of Materials Chemistry, 2000, V10(9): 1979-1995.

[14] Ye H. L., Liu Y. F., Zhang X. H., et al. DFT Study on Hydrogen-bonding Adsorption Mechanism of Rutin onto Macroporous Adsorption Resins Functionalized with Amino, Hydroxyl, and Carboxyl Groups[J]. Structural Chemistry, 2013, 24: 1443-1449.

[15] Yang D., Zhao F., Zheng R., et al. Influence of Intermolecular Hydrogen Bonding and Solvent Effects on the Excited-state Properties of a Photoactive Yellow Protein Chromophore Compound[J]. Journal of Alloys and Compounds, 2016, 659: 82-89.

7 结论与展望

7.1 结论

本书主要利用改进的二步酯交换工艺合成了新的具有交联结构的聚碳酸酯树脂，并将所合成的聚碳酸酯树脂应用于有机溶剂和低浓度 BPA 的吸附，对吸附的行为以及可能的吸附机理进行了分析，为聚碳酸酯的研究和应用提出了新的发展思路。总结如下：

（1）以 BD、PD、HD 为单体，采用改进的两步法工艺，与 DEC 缩聚，合成了高分子量的线性脂肪族聚碳酸酯 PBC、PPC、PHC。研究了反应条件对聚碳酸酯树脂分子量的影响；对聚碳酸酯树脂的结构和性质进行了表征。PBC、PPC、PHC 的 M_w 最高分别为 25054g/mol、10612g/mol、6664g/mol，熔融温度分别为 65℃、60℃、57℃，高于同类文献的报道；聚碳酸酯树脂的结晶度分别为 30.8%，25.4%，21.0%；热稳定性良好，分解温度分别为 196℃、217℃、238℃。

（2）通过控制第一步低聚物 CH_3CH_2O—和—OH 的比例，可得到不同分子量和不同端基的聚碳酸酯。当 CH_3CH_2O—和—OH 的摩尔比为 1∶1 时，PBC 的端基中含有—OH 和 CH_3CH_2O—两种结构，重均分子量最高可达到 25054g/mol，低聚物分子中两端都是—OH 或者两端都是—CO(CO)O—的结构都不利于链增长反应的进行；及时分离生成的小分子有利于链增长反应的进行；提出了聚碳酸酯树脂长链逆向断裂的可能机理。

（3）交联结构的设计中，根据目标产物的结构或用途选择合适的单体。凝胶型交联结构的构筑可选择具有柔性链的单体，所得聚碳酸酯树脂具有可伸缩的弹性结构，在有机溶剂中发生溶胀。本书以不同分子量的脂肪族聚碳酸酯为前驱体，以 BTB 为交联中心，设计并合成了具有交联结构的凝胶型聚碳酸酯，聚碳酸酯树脂在氯仿、二氯甲烷、四氢呋喃、苯、甲苯等有机溶剂中发生溶胀，其中，以 PPC 为前驱体与 BTB 聚合所得聚碳酸酯 PPC-BTB，对上述溶剂的溶胀度分别为 6933%、5155%、2976%、1912% 和 220%，对水和乙醇的溶胀度分别为 13% 和 20%；溶胀过程符合二阶动力学模型方程；以 DEC 和 HD 反应的低聚物为前驱体与 BTB 聚合所得的聚碳酸酯树脂 OPHCB，对低浓度 BPA 有良好的吸附性能，75mg OPHCB 聚碳酸酯树脂吸附 10mL 0.1mmol/L BPA 6h 后，BPA 的浓度降为 0.015mmol/L，吸附效率为 86%。

（4）以不同分子量的脂肪族聚碳酸酯为前驱体，以 BTM 为交联中心，设计并合成了交联结构的新型凝胶聚碳酸酯树脂，聚碳酸酯树脂在氯仿、二氯甲烷、四氢呋喃、苯、甲苯等有机溶剂中发生溶胀，其中，以 PPC 为前驱体与 BTM 聚合所得的聚碳酸酯树脂 PPC-BTM 对上述溶剂的溶胀度分别为 3897%、2980%、1175%、1571% 和 1064%，对水和乙醇的溶胀度分别为 11% 和 19%。溶胀过程符合二阶动力学模型方程。以 DEC 和 PD 反应的低聚物为前驱体与 BTM 聚合所得的聚碳酸酯树脂 OPPCM 对 BPA 具有吸附性能，75mg OPPCM 聚碳酸酯树脂吸附 10mL 0.1mmol/L BPA 7h 后，吸附效率为 90.1%。

（5）聚碳酸酯树脂分子结构中引入氢键受体基团，增加与 BPA 形成氢键的点位，可提高聚碳酸酯树脂对 BPA 的吸附性能。本书以脂肪族聚碳酸酯为前驱体，以 APTES 为交联中心，设计并合成了交联结构的凝胶型聚碳酸酯树脂，聚碳酸酯树脂对氯仿、二氯甲烷、四氢呋喃、甲苯、苯等有机溶剂具有一定的吸附作用。其中，以 PHC 为前驱体与 APTES 聚合所得聚碳酸酯树脂 PHC-APTES 对上述溶剂的溶胀度分别为 753%、284%、244%、241%、180%，60mg PHC-APTES 吸附 10mL 0.1mmol/L BPA 6h 后，浓度降